Tierstudien 14/2018

Kranke Tiere

Tierstudien

14/2018

Kranke Tiere

Herausgegeben von
Jessica Ullrich und Kerstin Weich

Neofelis Verlag

Tierstudien
14/2018: Kranke Tiere
Hrsg. v. Jessica Ullrich / Kerstin Weich

Bibliografische Information der Deutschen Nationalbibliothek
Die Deutsche Nationalbibliothek verzeichnet diese Publikation in der Deutschen Nationalbibliografie; detaillierte bibliografische Daten sind im Internet über http://dnb.d-nb.de abrufbar.

Umschlaggestaltung: Marija Skara
Lektorat & Satz: Neofelis Verlag (mn/ae)
Druck: PRESSEL Digitaler Produktionsdruck, Remshalden
Gedruckt auf FSC-zertifiziertem Papier.
ISSN: 2193-8504
ISBN (Print): 978-3-95808-216-8
ISBN (PDF): 978-3-95808-267-0

Erscheinungsweise: zweimal jährlich
Jahresabonnement 20 €, Einzelheft 12 €
Erhältlich in Ihrer Buchhandlung oder direkt beim Neofelis Verlag unter:
vertrieb@neofelis-verlag.de

Ein Abonnement verlängert sich automatisch um ein Jahr, wenn die Kündigung nicht mindestens drei Monate vor Ende des Kalenderjahrs erfolgt ist.

Inhalt

Zoo(anthropo)nosen: Krank machen – krank werden

Künstlerische Positionen

Editorial

In einem Tagebucheintrag berichtet Vladimir Nabokov, dass am Anfang seines berühmten Romans *Lolita* eine Krankheit stand:

> Der erste leise Pulsschlag von Lolita durchlief mich Ende 1939 oder Anfang 1940 in Paris, zu einer Zeit, als ich mit einem schweren Anfall von Interkostalneuralgie darniederlag. Soweit ich mich erinnern kann, wurde der initiale Inspirationsschauer von einem Zeitungsartikel über einen Menschenaffen im Jardin des Plantes ausgelöst, der, nachdem ihm ein Wissenschaftler monatelang gut zugeredet hatte, die erste je von einem Tier hingekohlte Zeichnung hervorbrachte: Die Skizze zeigt die Gitterstäbe des Käfigs der armen Kreatur. Der Impuls, den ich hier festhalte, hatte keine direkte Beziehung zu dem sich daraus ergebenden Gedankengang, der indessen zu einem Prototyp meines vorliegenden Romans führte, einer Kurzgeschichte von etwa dreißig Seiten.[1]

Bei *Lolita* handelt es sich also um ein Pathographie – um ein Werk, dessen „Impuls" in einer Krankheitserfahrung liegt oder zumindest mit einer solchen verbunden ist. Unter Interkostalneuralgie wird das Symptom ziehender Schmerzen im Brustbereich verstanden, Nabokov leidet offensichtlich in wiederkehrenden Anfällen darunter. In seiner Erinnerung erscheinen die Schmerzen und die literarische Inspiration als Aspekte einer beide umfassenden Krankheitserfahrung – aus der das Werk schließlich hervorgeht. Wenn der Autor sein Werk als eine Pathographie ausweist, dann erscheint die Krankheitserfahrung als eine Art Katalysator für das eigene künstlerische Vermögen.
Nabokov bricht eine solche schlichte Auffassung von Pathographien, in der Krankheit (bestehendes) künstlerisches Vermögen lediglich in Form einer besonderen Gestimmtheit oder – noch banaler – als ‚Auszeit vom Alltag' befördert, auf, indem er in die Schilderung seiner Erfahrung von Krankheit und Schreiben den Bericht über ein Tier einfügt, das ebenfalls kreativ tätig wurde. Den „initiale[n] Inspirationsschauer" löst die Nachricht aus, dass ein Menschenaffe aus dem Jardin des Plantes erstmals eine Zeichnung „hingekohlt" hat – und mit einem Mal geraten nicht nur die genetischen Verhältnisse der Pathographie in Bewegung. So wird das künstlerische Schaffen des Menschenaffen nicht von einer Erkrankung initiiert; nicht ein (Tier-)Arzt redet dem Tier „monatelang gut zu", sondern ein Wissenschaftler. Erst das fertige Bild rückt den Prozess in einen pathographischen Deutungsrahmen,

1 Vladimir Nabokov: Bemerkungen des Autors. In: Ders.: *Der Zauberer*. Reinbek: Rowohlt 1983, S. 82–83, hier S. 82.

in dem die Zeichnung als Symptom auf ein krankes Tier verweist: auf eine „arme Kreatur", deren Leiden, eine Depression oder eine Melancholie, sich in einer Zeichnung ausdrückt. Im Falle des Menschenaffen ist es also die Pathographie, die ein kreatives Subjekt erst hervorbringt. Dabei verweisen Pathographien auf den Einfluss von Krankheiten auf die Wahrnehmungen und Ausdrucksmöglichkeiten, die in bestimmten Situationen und Kontexten unterschiedlichen Agent*innen zukommen. Neben der Erweiterung der Bezüge zwischen Pathologie und Graphem um eine zoo-anthropologische Dimension ist es die Aufmerksamkeit gegenüber dem Vermögen von Krankheiten, Deutungsrahmen kippen zu lassen, die es erlaubt, Nabokovs Notiz mit dieser Ausgabe der *Tierstudien* zu verbinden. Wenn der Affe die Gitterstäbe erst zeichnen muss, damit sie und auch er selbst, als „arme Kreatur" dahinter, wahrgenommen werden können, dann wird das pathographische Potenzial von kranken Tieren, sich in Wahrnehmungen, Repräsentationen und Ausdrucksformen einzuschreiben, in seinen Bedingungen und Erscheinungsformen zum Gegenstand.

In dieser Ausgabe der *Tierstudien* sind neun wissenschaftliche und drei künstlerische Arbeiten zu kranken Tieren versammelt. Der „hingekohlte[n] Zeichnung" des Affen wird damit eine Reihe weiterer tierlicher Krankheitsbilder hinzugefügt: lahme Pferde sprengen geschlechtliche Ordnungen, tollwutinfizierte Füchse lösen Urängste und Empathie aus, depressive Pfauen machen Kunst, verölte Seevögel bevölkern das Imaginarium ökologischer Prekarität. So entstehen komplexe tierliche Krankheitsbilder, die zeigen, wie über das Register der Krankheit konkrete Tiere in der Gesellschaft situiert und behandelt werden, wie mit ihnen Einschreibungen in soziale Kategorien vorgenommen, Verantwortungen abgesteckt, Ideale formuliert und Zugriffe legitimiert werden. Zusätzlich zu dieser soziologischen Dimension erscheinen in einer kulturwissenschaftlichen Perspektive die Praktiken und Repräsentationen tierlicher Existenzen entlang der Dichotomie von gesund und krank als aufschlussreiche Techniken, mit denen symbolische und soziale Semantiken in Körper und Physiologien eingeschrieben werden. Dazu gehören auch Partialisierungen und Distribuierungen tierlicher Körper: So kommt etwa im Falle der bovinen Tuberkulose nicht dem Rind, sondern der Milch ein erheblicher Bezug zur Krankheit zu, der Krankheitswert einer tuberkulösen Milchkuh erscheint als Folge. Diese Ausgabe versammelt Auseinandersetzungen mit den unterschiedlichen Erscheinungsformen, Ausdrucksweisen und Effekten von Tieren in der gesellschaftlichen Verwaltung und kulturellen Repräsentation von Krankheiten, die im Begriff der Pathographie gebündelt sind.

Tiere als Pathographen

Den Auftakt machen drei Aufsätze, in denen Tiere als Pathographen im Zentrum stehen. Pfauen, Pferde und Pelikane werden mit und über ihr Krankheitsvermögen kreativ: Sie performen in Kunstwerken, entwickeln subversive Poetologien und entwerfen somatisierende Bildsprachen.

Anna Lena Roters Beitrag verhandelt die Arbeit *After ALife Ahead*, die der Künstler Pierre Huyghe 2017 für die Skulptur Projekte in Münster entwirft: In einer alten Eissporthalle entsteht ein Habitat für Bienen, Schnecken, einen Fisch und zwei Pfauen. Die beiden Vögel werden nach wenigen Tagen depressiv und verlassen die Eissporthalle wieder – eine markante Signatur im Kunstwerk hinterlassend. Roters verfolgt das Wirken der kranken Pfauen in dem Kunstwerk auf den Ebenen von Ästhetik und Rezeption, wobei sie mit dem Konzept einer posthumanistischen Performativität arbeitet. Die Erkrankung der Pfauen ist dafür Bedingung: Erst als kranke Tiere werden sie auffällig und bewirken Veränderungen – in der Inszenierung wie in der Rezeption. Offen bleibt die Frage, inwiefern die Pathographie der Pfauen an das (menschliche) Kunstwerk als ihrem Entstehungskontext gebunden bleibt, so wie ihre Depression an eben diese Umwelt gekoppelt war. In diesem Fall bliebe auch ihre Performativität letztlich Teil (menschlicher) Kunst, die von der tierlichen Pathographie als einer produktiven Störung rezeptionsästhetisch profitiert.

Martin Bartelmus verfolgt die Einschreibungen, die ein krankes Pferd in Hugo von Hofmannsthals *Reitergeschichte* vornimmt. Auch hier kommt der Erkrankung des Pferdes, die sich in einer schweren Atmung und einem stolpernden Gang äußert, als einer Störung Bedeutung zu. Bartelmus verfolgt, wie bestehende Ordnungen und Hierarchien, zwischen Spezies wie Geschlechtern, durch das kranke Pferd destabilisiert werden. Mit seiner These einer so begründeten galoppierenden Nomadologie wird die equine Pathographie schließlich aus einer bloß negativen Bestimmung als Devianz und Entzug gelöst.

Verölte Seevögel leiten als pathographische Agent*innen die nachfolgende Analyse von Florian Auerochs an. Auerochs vergleicht in seinem Close Reading von *Saving Pelican 895* und *A Plastic Ocean* die kinematographische Darstellung kranker Pelikane bzw. Albatrosse anhand zweier Beispiele des aktuellen Ecocinemas, welche die Folgen anthropogener Meeresverschmutzung durch Öl- bzw. durch Plastikfluten zum Thema haben. Er analysiert dabei die jeweils unterschiedlichen Visualisierungsstrategien tierlicher Gefährdung durch *spill*-Ereignisse, die u.a. über somatische Affizierung und synekdochische Darstellungslogik funktionieren und in Krankheits- und Extinktionsnarrative eingebunden sind. Durch Nachzeichnen der Phänomenologie und Bildrhetoriken zeigt er, wie die Filme einmal am exemplarisch gedachten Einzelsubjekt, das andere Mal an einer ganzen Vogelspezies, die zudem mit anderen nichtmenschlichen und menschlichen Köpern enggeführt wird, ihre spezifischen ‚Petroleum-Pathologien' entfalten. Dabei wird nicht nur die Gewaltförmigkeit von Plastikkontamination und Verölung deutlich, sondern auch die vielschichtigen Verflechtungen von Menschen und Tieren mit der Erdölindustrie und ihren Produkten.

Kranke Tiere schreiben Geschichte

In seinem historiographischen Beitrag verfolgt Stefano Saracino die These, dass kranke Pferde im England des 17. Jahrhunderts die ständegesellschaftlichen Hierarchien unterlaufen. Damit bettet er die Untersuchung der Konditionen, unter denen Pferde zu dieser Zeit krank werden konnten – also die bestehenden Verständigungsmöglichkeiten über Krankheiten, sich wandelnde Nosologien, Deutungsmuster und Aufmerksamkeitsregister, mit denen bestimmte Lebenszeichen als Symptome gefasst werden, jeweilige diagnostische und therapeutische Mittel – in einen sozial- und wissensgeschichtlichen Kontext ein. Materialreich legt Saracino dar, wie kranke Pferde in der frühen Neuzeit an dem Bedeutungswandel und den Sinnverschiebungen von ‚gesund' und ‚krank' aktiv beteiligt sind, indem sie als Agent*innen einer stände- wie speziesübergreifenden Wissenspraxis Kontaktzonen in die Sozialität höfischer Distinktion einführen.

Wird die Auseinandersetzung mit tierlichen Krankheiten in der Geschichte mit Ansätzen einer „Beziehungsgeschichte" verbunden, fällt ein wiederkehrendes Narrativ auf: Ein krankes Tier ermöglicht und begründet eine andere Nähe zum Menschen als ein gesundes. Ikonographisch wurde diese Facette tierlichen Krankheitsvermögens in den Darstellungen des Heiligen Hieronymus mit dem Löwen, dem er einen Dorn aus der Pfote entfernt hatte. In den *Attischen Nächten* findet sich mit der Erzählung des Sklaven Androcles, der sich ebenfalls einen (kranken) Löwen zum Freund machen konnte, ein prominenter Vorläufer des Hieronymus-Mythos.[2] Zudem tradiert Aulus Gellius eine weitere Variation des Zusammenhangs zwischen Krankheit und einer Tier-Mensch-Beziehung, in der die Kausalabfolge zwischen Erkrankung und Nähe umgekehrt wird. Gellius berichtet von einem Delphin, der „von starken Gefühlen der Zuneigung zu einem Knaben erregt war."[3] Das ungleiche Paar unternahm gemeinsame Ausflüge, wobei der Delphin „an den Zügeln der Liebesgöttin" den „(ihm) nicht abgeneigten Knaben"[4] auf seinem Rücken reiten ließ. Als der Knabe krank wurde und schließlich starb, wurde auch der Delphin „vor Sehnsucht krank [und] starb."[5] Hier erscheint die speziesübergreifende Nähe ins Ätiologische verkehrt: Sie geht nicht aus der Krankheit hervor, sondern ist ihre Ursache. Für Gellius steht fest, dass die Beobachtung verliebter Delphine „klar und deutlich" zeigt, dass diese Tiere „sinnlich und liebesbedürftig"[6] sind. Diese Fähigkeit ermöglicht nicht nur einzelne Liebesbeziehungen zwischen Delphin und Knaben, sondern überführt diese Tiere auch auf einer allgemeineren Ebene in ein Naheverhältnis zu Menschen: Die Delphine „liebten nicht ihresgleichen, sondern entbrannten auf wundersame und menschliche Art und Weise zu schönen Knaben, die sie zufällig in kleinen Booten oder im flachen Wasser der Strände erblickt hatten."[7] Nicht nur das Objekt der tierlichen Liebe ist menschlich, die Delphine lieben auf „menschliche Art und Weise."[8] Der unglücklich verliebte Delphin musste erfahren, dass diese menschliche Fähigkeit auch an ein bestimmtes Krankheitsvermögen gekoppelt ist. So stirbt der Delphin einen ‚menschlichen Tod' – nicht von ungefähr endet der Bericht damit, dass er „in der Grabstelle seines Lieblings beigesetzt wird."[9]

2 Aulus Gellius: *Attische Nächte*, aus d. Lat. v. Hartmut Froesch. Stuttgart: Reclam 2018, S. 182–191.

3 Ebd., S. 168–171, hier S. 171.

4 Ebd.

5 Ebd.

6 Ebd., S. 169.

7 Ebd., S.169–171.

8 Ebd., S. 171.

9 Ebd.

Offen bleibt, inwiefern es sich beim Tod des Delphins um eine Erkrankung mit tödlichen Verlauf handelte oder ob sich das Tier vielmehr aus unglücklicher Liebe selbst das Leben genommen hat. Dabei hat die heikle Frage, ob Tiere sich selbst töten können oder ob nicht vielmehr doch ein humanes ‚Suizidprivileg' besteht, eine jahrhundertlange kritische Diskussion angeleitet, die von Thomas Macho zum Gegenstand einer kulturwissenschaftlichen Studie genommen wird. Materialreich legt er dar, in welchen Formen und mit welchen Effekten suizidale Tiere – etwa als tragische Helden oder als instinktgesteuerte Agenten evolutionärer Strategien – die kulturellen Vorstellungswelten bevölkert haben. Macho zeigt, dass diese Figuren bis heute in dem Horizont der Behauptung einer Grenzziehung zwischen Menschen und Tieren stehen, die in der These von der suizidalen Kompetenz als menschlichem Alleinstellungsmerkmal ein letztes, und zugleich höchst zweifelhaftes, Argument zu finden scheint.
Krankheitsbilder, in denen das speziessprengende Potenzial von Pathologien zum Ausdruck kommt, waren für die Etablierung der gegenwärtigen Deutungshoheit der Biomedizin über die Ansteckung als Krankheitsmechanismus von großer heuristischer Bedeutung. Vor diesem Hintergrund verfolgt Axel Hüntelmann einen beziehungsgeschichtlichen Ansatz, um nach den Verbindungen und Effekten zwischen Krankheiten, Versuchstieren und menschlichen Forscher*innen und Patient*innen in der bakteriologischen Forschung zwischen 1870 und 1930 zu fragen. Hüntelmanns Untersuchung zeigt, dass die Nähe, die kranke Tiere stiften, eben auch Zugriff ermöglicht. Im bakteriologischen Labor werden Meerschweinchen, Kaninchen, Mäuse und zahlreiche andere Tiere zu Kulturapparaten, mit denen der bakteriologische Krankheitsbegriff hervorgebracht werden konnte: Statt der Pathologie des Erkrankten werden Ätiologie und gelungene tierexperimentelle Reproduktion zum Maß von Krankheit. Zudem können kranke Organismen – über die Anwesenheit eines exogenen Erregers – wieder klar von gesunden geschieden werden. Hüntelmanns Beitrag gibt den Auftakt für die folgenden Aufsätze, in denen nach den Erscheinungsformen kranker Tiere unter dem zoopolitischen Regime der Spätmoderne gefragt wird. Die grundlegenden Transformationen, die Tiere und ihre Krankheitsvermögen mit der aufkommenden Bakteriologie erfahren haben, erscheinen als weichenstellend für die Herausbildung einer epidemiologischen Rationale, in der die Klassifikation kranker oder anfälliger Tiere als Krankheitsvektoren nicht auf

ihre fachwissenschaftliche Repräsentation beschränkt bleibt, sondern seuchenpolitisch handlungsleitend wird. Kranke oder krankheitssensible Tiere erscheinen in der nationalökonomisch ausgerichteten Politik der ‚Biosecurity' als Faktoren eines Risikoszenarios, dem mit teils drastischen ‚Managementmaßnahmen' begegnet wird.

Zoo(anthropo)nosen: Krank machen – krank werden

Mit den Folgen des bakteriologischen Krankheitsbegriffs für kranke Tiere im 20. und 21. Jahrhundert beschäftigen sich Stefan Hecht und Mirjam Schmitt. Beide Untersuchungen beziehen sich auf mediale Berichterstattungen über Tierseuchen – womit eine weitere Form der Pathographie in den Blick rückt. Dabei interessiert sich Hecht für das Krankheitsbild, das sich im Deutschland der Nachkriegsjahre von der Tollwut – und damit von den Füchsen als Agent*innen der Krankheit – gemacht wurde. Besonders interessiert ihn dabei, welche Rolle die Mobilisierung bestimmter Emotionen für den Umgang mit der Zoo(anthropo)nose gespielt hat. Auch Mirjam Schmitt nimmt die mediale Repräsentation einer als Tierseuche klassifizierten Infektionskrankheit zum Gegenstand und untersucht, wie das Aufkommen der Afrikanischen Schweinepest in jüngster Zeit für Schlagzeilen gesorgt hat. Die Berichterstattung wird von Schmitt anhand der Artikel maßgeblicher Publikationsorgane rekonstruiert. Während im Register einer entkörperlichten Risikomedizin das kranke Wildschwein – etwa als leidende Figur oder auch als Patient – kaum Beachtung findet, stehen spatiale und relationale Effekte der Afrikanischen Schweinepest im Vordergrund. Die Krankheit und ihre (potenziellen) Träger, die Wildschweine, werden einerseits als ‚migrantisch' markiert (womit die Notwendigkeit einer Abschottung suggeriert wird), andererseits werden die Wildschweine ‚animalisiert' – was in diesem Fall ihre Einhegung in das Konstrukt von Mastschweinen im Tierindustriekomplex bewirkt. Als Krankheitsvektoren können und werden Wildschweine wie Mastschweine einer Verwaltung entlang ökonomischer Risikokalküle unterworfen.

Die Wandelbarkeit des Zusammenspiels therapeutischer, prophylaktischer und hygienischer Praktiken mit Formen und Wahrnehmungen tierlicher Krankheitsvermögen verweist auf eine Kulturgeschichte, die von kranken Tieren und auf ihren Leibern geschrieben wird. So wie Krankheit in einem Subjektbezug steht – auf eine Erfahrung, eine Verschiebung in der Coenästhesie, also im eigenen Körpergefühl verweist – werden Therapeutisierungen als ein zentrales Diskursfeld von Subjektivierung und Individualisierung beschrieben. Die Frage nach den kontextuellen Bedingungen tierlicher Pathographien, die den diskursanalytischen und historischen Beiträgen unterliegt, wird von Thorsten Kramer und Clemens Wustmans in einem gemeinsamen Beitrag einer ethischen Betrachtung unterzogen. Dabei wenden sie sich einer speziellen Form der Pathographie zu: der Hervorbringung kranker Tiere durch Zucht. Am Beispiel der Perserkatze dokumentieren die Autoren, wie die Klage dieser Kreaturen sich im veterinärmedizinischen Diskurs zu einer beeindruckenden und besorgniserregenden Pathographie verdichtet hat. So entsteht das Phänomen der Gleichzeitigkeit einer unüberhörbaren, gut vernehmlichen tierlichen Pathographie und einem sozio-historischen Kontext, der diese nicht autorisiert. Brachyzephale (kurzköpfige) Tiere sind in der Haustierkultur beliebte Charakterwesen, für deren Gesundheit in der Regel ein hohes Maß an Fürsorge mobilisiert wird. So wie die langen Rücken und kurzen Beine der für die Jagd zivilisierten Dachshunde erst in der Haustierkultur zu Krankheitsdispositionen werden konnten – womit die operative Versorgung des Bandscheibenvorfalls beim Dackel zum tiermedizinischen Routineeingriff aufstieg –, ist auch das Krankwerden der Perserkatzen an eine Verschiebung komplexer, materiell-semiotischer Wissenspraktiken gebunden.

Animalische Krankheitsbilder

Die drei Künstlerstrecken dieser Ausgabe beschäftigen sich in den Medien Öl- bzw. Aquarellmalerei und Fotografie mit der Repräsentation kranker Tiere. Die mit grobem Pinselstrich angelegten Ölbilder von Inga Kählke decken ein breites Spektrum an Erscheinungsformen kranker Tiere ab. Die Malerin findet ihre Motive im Tierversuchslabor, im veterinärmedizinischen Operationssaal, in der landwirtschaftlichen Praxis oder in Rehabilitationseinrichtungen (hier für ehemalige Kampfhähne). Die jeweiligen Räume werden nur angedeutet, Gesichter sind nicht zu erkennen. Doch über Farbe, Materialität und Körperlichkeit sind die Dargestellten als Tiere erkennbar, die Assoziationen an bestimmte Krankheitsbilder aufrufen: Übereinander gelagerte, nur ausschnitthaft erkennbare Rinderkörper erinnern an die Bildwelt der Seuchenbekämpfung der letzten Jahre, etwa an den BSE-Ausbruch. Ein kompositorisch zentral angelegtes Euter symbolisiert die Kolonisierung tierlicher Körper über Strategien von Kontrolle und Prekarisierung,

denen eine Intersektionalität zwischen Weiblichkeit und Animalität zugrunde liegt. Mit der Mastitis, also der Euterentzündung, stellt Kählke ein Krankheitsbild als Somatisierung einer Problematisierung tierlicher Leiblichkeit und Weiblichkeit dar.
Auf anderen Bildern sind Tierärzt*innen dargestellt, unter deren Händen das tierliche Fleisch als Werkstoff erscheint. Diesem Zugriff ist eine viszerale Ansprache über geteilte Leiblichkeit und Verletzlichkeit entgegengestellt. In dem an Francis Bacon erinnernden Bild *Kiefer* spürt Kählke der Idee von Krankheit nach. Es zeigt eine Kreatur, deren gesamtes Sein auf einen wie zum Schrei aufgerissenen Schlund zusammengeschrumpft ist. In der Gegenständlichkeit verankert wird das Bild nur durch die Zahnreihen, hinter denen sich ein Einblick in das wund erscheinende Körperinnere öffnet und die wie ein nach außen verlagertes Skelett wirken. Oft kann man die mit gestischem Duktus hingeworfenen Motive mehr erspüren als erkennen: Sie bleiben malerische Chiffren für Versehrungen, von denen nie ausbuchstabiert wird, ob sie jemals geheilt werden können. Damit ist Krankheit in Kählkes Arbeiten nicht vorübergehend, sondern von existenzieller Dauer. Die Motive der groben Ölskizzen sind mit fiebrigem Pinselstrich rasch hingeworfen, neue Farbschichtungen löschen darunter liegende aus. Die gesamte bewegte malerische Bildoberfläche scheint selbst ein lebendiges Wesen zu sein; Kählke liest sie als Milieu, in dem unterschiedliche Akteure in Intra-Aktionen miteinander treten.
Lutz Bielefeldts *Kranke Tiere* stehen hingegen ganz für sich allein auf den Blättern. Durch Reduktion, Abstraktion und Konzentration begegnen die Figuren der Flüchtigkeit und Konturlosigkeit des Krankheitskonzepts mit einer affektgeladenen Präsenz. Lediglich mit lockerem und schnellem Pinselstrich über ihre Umrisse definiert, entsteht, obwohl auf Binnenzeichnungen weitgehend verzichtet wird, auf jedem Blatt eine tierliche Figur, die wie eine Charakterstudie erscheint. Ihre ausgeprägte Gestik und Mimik korreliert mit der Bedeutungsschwere einer Krankheitsdiagnose, die gleichzeitig – wie die Tierfiguren im leeren Raum – nicht verankert werden kann. Das Spiel, Krankheit als einen kontingenten Wahrnehmungsmodus erfahrbar werden zu lassen, der mindestens so sehr im Auge des Betrachters wie in dem jeweiligen kranken Tier liegt, bildet das serielle Moment der einzelnen Blätter. Anders als bei Kählke erscheint Krankheit hier nicht ontologisiert, sondern als flüchtiges und prekäres Moment, das zwischen Erscheinung und Wahrnehmung vermittelt. So lässt sich in den Gesichtsausdruck des jungen

Bären ungläubiges Erstaunen und tiefe Trauer hineinlesen, die er möglicherweise aufgrund von Bewegungseinschränkung oder Schmerz erfährt. Eine eventuelle körperliche Versehrung der Gliedmaßen ist lediglich durch dunklere Lasuren der Aquarellfarbe angedeutet. Auch bei scheinbar eindeutigen Motiven, etwa bei den liegenden Kälbern, die zu einer schwarz-weißen Farbmaterie verschmelzen, bleibt das Rätseln um die Krankheitserscheinung bestimmendes Moment der Rezeption. Um wie viele, krampfend die Gliedmaßen von sich streckende Individuen handelt es sich hier? Wie zeigt sich Krankheit – phänomenal wie diskursiv, wie lässt sich zwischen sichtbaren Zeichen und Symptomen unterscheiden? Ein gestürztes Pferd erinnert an ein am Hinterlauf aufgehängtes Wild auf Jagdstilleben oder an Aufnahmen spektakulärer Stürze im Pferdesport. In der Imagination der Betrachterin entspinnen sich zwangsläufig Narrationen, deren Validität durch die Blätter nicht bestätigt wird. Das Pferd fungiert, wie der hingestreckte Wolf mit verdunkeltem Gesicht, aus dem das Leben mitsamt seinem Schatten zu entweichen scheint, als mitleiderregende Chiffre für Krankheit und Tod, die ohne Ursache bleibt. Daneben findet ein Phantasietier wie die Giraffenhyäne mit tropfendem Zahn in den Bielefeldt'schen Pathographien genauso ein Habitat wie ein missmutiger alter Hund mit deformiertem Körperbau. Die Spannung zwischen leiblich-unabweisbarer Krankheitserfahrung und ihren unbestimmten Erscheinungsformen wird hier über die Kombination von Kindchenschema mit spitzen Zähnen, von comichafter Niedlichkeit und Todernst aufgegriffen. Mit seiner leichtfüßigen und humorvollen Bildsprache findet Bielefeldt zu einem sensiblen und überzeugenden künstlerischen Ausdruck für speziesübergreifende vulnerable Lebenswelten.

Im Unterschied zu Kählke und Bielefeldt, die in einem medialen wie figuralen Abstand zu ihren Motiven stehen, ist Intimität ein zentrales Motiv in Julia Schlossers Arbeit. Sie dokumentiert fotografisch, wie Krankheiten das Beziehungsgeflecht zwischen ihr und den Katzen Alex, Sebastian und Theo sowie der Hündin Tess verändern. Die Krankheiten der Tiere bestimmen den geteilten Alltag und materialisieren sich über und als Praktiken der Pflege, Fürsorge und Therapie. Schlosser bildet dabei die teilweise schmutzige Realität eines Interspezies-Haushalts mit alternden, chronisch kranken oder ängstlich-aggressiven Tieren ungeschönt ab. Die Fotos entfalten so eine Narration über kleinere und größere Katastrophen, mit denen ein sehr persönliches Bild der Betroffenen und Protagonist*innen entsteht.

Mit schrägen Winkeln, rutschenden Perspektiven und fragmentierten Motiven wird das Erleben der verängstigten Tiere visuell zu fassen versucht. Menschen erscheinen auf Schlossers Fotos überwiegend als gleichermaßen helfende wie übergriffige Hände. Auch in einem sehr privaten Selbstporträt, das sie im Schlafanzug bei der Verabreichung von Medikamenten an eine Katze zeigt, ist Schlossers Gesicht nicht zu sehen. Dennoch legt sie mit ihrer Fotoserie die von ihr praktizierte Interspezies-Intimität ohne Scheu offen und re-kolonisiert so das Klischee der tierliebenden Cat Lady, das sonst der Abwertung der Liebe zu Haustieren als sentimentaler Marotte untersteht. Die pejorative Verbindung von Animalität und Weiblichkeit wird von Schlosser künstlerisch iteriert: Bei allen Fotos handelt es sich um Interieurs; im häuslich-weiblichen Milieu verquicken sich die geschlechtlich kodierten Rollen von Krankenschwester, Gastgeberin und Mutter, als soziale Antwort auf tierliche Inkontinenz, Auswurf und Vomitus. In dieser Matrix intersektionaler Abwertung entfaltet Schlosser subversiv das Thema der Berührung. Kontaktzonen zwischen den Spezies und Begegnungen mit und von Dingen, wie etwa Wattebäusche, Verbandszeug oder Stoffdecken, stehen im fotografischen Fokus. Die abjekten Requisiten und Relikte der Behandlung wie leere Futterschälchen, Pillen, halb aufgezogene Spritzen und Fleischreste, in denen wohl Pillen versteckt wurden, zeugen dabei von der aufwändigen und zuweilen nur mit List zu bewältigenden Pflege widerspenstiger Kranker. Tatsächlich oszillieren die gezeigten Praktiken ununterscheidbar zwischen Gewalt und Fürsorge. Eine zum Maul geführte Spritze wird zur Zwangsernährung, Therapie ist an brutal wirkende Fixierungsgriffe gekoppelt. Die Visualisierung der Angst oder des Stoizismus, mit denen die Tiere der Behandlung begegnen, re-problematisiert die Ununterscheidbarkeit von Gewalt und Fürsorge, die von den erklärenden (Bild-)Beschreibungen nur scheinbar bewältigt werden kann.

Kerstin Weich / Jessica Ullrich

Tiere als Pathographen

Störungen im Gefüge?

Zu den Dimensionen von Krankheit und Kunst in Pierre Huyghes *After ALife Ahead*

Annalena Roters

Für die Skulptur Projekte Münster 2017 entwirft Pierre Huyghe die Arbeit *After ALife Ahead*. In einer alten Eissporthalle entsteht ein organisches Gefüge, in dem Bienen, Weberkegel, ein GloFish und Pfauen leben. Nach wenigen Tagen werden die Pfauen in Absprache mit dem Veterinäramt aus dem Kunstwerk genommen – sie verstecken sich unter den Tribünen und wirken gestresst. In der Presse ist zu lesen, dass sie Anzeichen einer Depression erkennen lassen.[1]

Was für ein Tierbild steht hinter einer solchen Diagnose? Und wie wirkt dieses sich auf die Ästhetik der Arbeit aus? Denn trotz ihrer Abwesenheit im weiteren Verlauf der Ausstellung bleiben die Pfauen für die Besucher*innen präsent. Ihre Diagnose ist Teil der Rezeption. Auch als abwesende Akteur*innen beeinflussen sie die ästhetische Erfahrung der Besucher*innen über den gesamten Ausstellungszeitraum hinweg.

Außerdem eröffnet Huyghes Installation einen Diskurs um Krankheit, Kontrolle und Kunst, indem er einen Inkubator mit (menschlichen) Krebszellen zum Teil des Gefüges macht. Es stellt sich die Frage, welche Dimensionen von Krankheit im Kunstwerk inszeniert werden.

After ALife Ahead

In der alten Eissporthalle hat der Künstler zunächst den Beton unter der ehemaligen Eisfläche nach den Regeln von Archimedes' Puzzlespiel

1 Rainer Westermann: Pfauen verlassen Skulptur-Projekte in Münster. In: *wdr.de*, 05.07.2017. https://www1.wdr.de/nachrichten/westfalen-lippe/skulptur-projekte-pfauen-100.html (Zugriff am 03.02.2018); Gerhard H. Kock: Skulptur-Projekte: Pierre Huyghe in der Eisporthalle. Unübersichtlich offen. In: *Westfälische Nachrichten*, 15.09.2017. http://www.wn.de/Muenster/Kultur/2983259-Skulptur-Projekte-Pierre-Huyghe-in-der-Eissporthalle-Unuebersichtlich-offen (Zugriff am 24.05.2018); Dean Kissick: The Downward Spiral. In: *spike art magazine*, 11.06.2017. https://www.spikeartmagazine.com/en/articles/downward-spiral-3 (Zugriff am 24.05.2018).

Stomachion zerschneiden lassen.[2] Einige dieser massiven Puzzleteile bilden nun Inseln oder Stege im Raum, andere sind entfernt worden. In das darunter liegende Erdreich werden Gruben und Gänge gegraben. Erde, Sand und Geröll formen eine bizarre und karge Landschaft. Helfer*innen verweisen auf den Weg hinab in die Brache und auf die *Augmented Reality*, die über eine zuvor heruntergeladene App auf dem eigenen Smartphone zugänglich wird. In manchen Gruben sammelt sich Grundwasser, einige Hügel werden mit der Zeit von einem feinen Netz aus grünen Pflanzen überzogen. Im Zentrum dieses Environments steht ein großer schwarzer Quader – ein Aquarium. Neben einem GloFish[3] leben dort Weberkegelschnecken. Das komplexe Muster ihrer Gehäuse identifiziert die Tiere, so dass ihre Bewegung von einer Kamera erfasst werden kann: Bewegen sich die Tiere über eine Schwelle am Boden, so ist ein tiefer dröhnender Ton zu hören, das Aquarium verdunkelt sich und eine Klappe in der Decke der Halle öffnet sich. Das beeinflusst die Temperatur und Luftfeuchtigkeit im Raum. Durch die offenen Dachluken kann es hineinregnen. Die Feuchtigkeit fördert das Wachstum von Moosen und Algen. Bienen, die in zwei aus Lehm geformten Bienenstöcken arbeiten, kommen und gehen ungehindert. Wege haben sich durch die Füße der Besucher*innen festgetreten. Huyghes Installation verändert sich stetig, alle Entitäten sind miteinander verknüpft und reagieren aufeinander. Sensoren überwachen die Luftfeuchtigkeit, Bewegungen und Temperatur im Raum. Diese Daten werden an einen schwarzen Kasten vor der alten Zuschauertribüne übermittelt. Es ist ein Inkubator mit Krebszellen, die sich in Abhängigkeit von den gesendeten Daten schneller oder langsamer teilen. Durch eine App auf ihren Smartphones können die Besucher*innen einen Blick auf diesen Teilungsprozess werfen. Die App fügt kleine schwarze, umherfliegende Pyramiden in das Kamerabild der Handys ein und visualisiert so, ob eine starke Zellteilung stattfindet oder ob der Prozess stagniert.

2 Kolja Reichert: Statische Dinge sind so vorhersehbar. In: *Frankfurter Allgemeine Zeitung*, 15.06.2017. http://www.faz.net/aktuell/feuilleton/kunst/superkunstjahr-2017/interview-mit-pierre-huyghe-bei-skulptur-projekte-15055606.html (Zugriff am 03.02.2018).

3 GloFish ist der markenrechtlich geschützte Name für einen fluoreszierenden, gentechnisch veränderten Fisch der Firma GloFish LLC. https://www.glofish.com (Zugriff am 27.07.2018).

Posthumanist Performativity

Huyghes Konzeption und der Aufbau seiner Arbeit legen einen methodischen Zugang über das Konzept der Performativität nahe, „mit dem das Performative systematisch untersucht wird.“[4] Dorothea Hantelmann erläutert:

> Ins Blickfeld gerät dabei [mit dem Performativen, A.R.] der kontingente und schwer zu erfassende Bereich der Wirkungen und Effekte, die Kunst situativ, d.h. bezogen auf einen räumlichen und diskursiven Kontext, sowie relational, d.h. in Bezug auf den Betrachter hervorbringt.[5]

So wird mit dem Performativen der Fokus auf das gelegt, was ein prozessuales, dynamisches Kunstwerk – in dem verschiedene Entitäten Verbindungen miteinander eingehen – situativ und relational hervorbringt und diskursiviert. Dabei werden insbesondere die wechselseitigen Dynamiken und Verflechtungen in den Blick genommen.

Um dieser engen Verwobenheit nachzuspüren, ziehe ich Karen Barads Materialitätskonzept hinzu, mit dem die Untrennbarkeit von Diskurs und Materialität betont wird. Sie beschreibt Verflechtungen als ein Ineinanderfallen von In-der-Welt-Sein und Um-die-Welt-Wissen. Differenzierungen und Relationen werden performativ erzeugt und eine Trennung in materielle vs. diskursive oder epistemologische vs. ontologische Ebenen wird obsolet.[6] Performativität versteht Barad dabei als „iterative intra-activity“[7], die materielle und diskursive Phänomene, ebenso wie menschliche und nicht-menschliche Entitäten, in einem stetigen Austauschprozess bildet. Prozesse, Identitäten oder Objekte sind dabei nicht vorab definiert, sondern konstituieren sich wechselseitig in diesen „intra-actions“[8]. Barads Performativitätsdefinition ist an dieser Stelle besonders produktiv, weil sie Mensch-Tier-Beziehungen bereits mitdenkt.[9] Ihre

4 Erika Fischer-Lichte: Performativität/performativ. In: *Metzler Lexikon Theatertheorie*, hrsg. v. ders. / Doris Kolesch / Matthias Warstat. Stuttgart: Metzler 2005, S. 234–242, hier S. 234.

5 Dorothea Hantelmann: *How to do things with art*. Zürich / Berlin: Diaphanes 2007, S. 12.

6 Karen Barad: Posthumanist Performativity: Toward an Understanding of How Matter Comes to Matter. In: *Journal of Women in Culture and Society* 28,3 (Spring 2003), S. 801–831, hier S. 829.

7 Ebd., S. 828.

8 Ebd., S. 815.

9 Karen Barad: Natures Queer Performativity. In: *Qui Parle. Critical Humanities and Social Sciences* 19,2 (2011), S. 121–158.

posthumanistische Perspektive wendet sich gegen einen anthropozentrischen und dominant linguistischen Diskurs; sie schreibt: „language has been granted too much power [...] the only thing that does not seem to matter anymore is matter".[10] Performativität aktiviert nach Barad einen Materialisierungsprozess, welcher die Materialität nicht als passive Masse, in die sich Diskurse einschreiben, definiert, sondern als aktiven und handlungsfähigen Faktor. Wie Judith Butler, so verfolgt auch Barad den Gedanken, dass sich Diskurse performativ materialisieren, doch diese Materialisierung reagiert nicht nur auf die Diskurse, sondern gestaltet diese aktiv mit. Das bedeutet, dass Diskurse „keine von Menschen gestützte Aktivitäten, sondern spezifische materielle (Re-)konfigurationen der Welt"[11] sind.

Dies führt dazu, dass sich die Hierarchien der verschiedenen Entitäten verschieben: *non-humans* – wie eben Tiere, aber auch Pflanzen, Technologien, Umwelt, Objekte – und deren Handlungsmacht sind auf der gleichen Ebene wie menschliche Subjekte angesiedelt. Es geht dabei nicht um die Negierung eines Machtgefälles, sondern um eine Verschiebung des Fokus und eine Offenlegung von Konstitutionsbedingungen. Nicht-menschliche Akteur*innen werden nicht als passive und human geformte Masse rezipiert, sondern in ihrer aktiven und handlungsfähigen Materialität.[12] In Gefügen intra-agieren dann verschiedenste Entitäten, die sich relational und singulär miteinander verbinden.[13]

Barad folgend, geht es darum, Konstitutionsbedingungen situativ zu verstehen und Materialität neu, nämlich posthuman und prozessual, zu denken. Das kann insbesondere für die Betrachtung von Kunst produktiv gemacht werden, denn hier ist die Verwobenheit von Material und Diskurs charakteristisch.[14] Die Diskurse, die ein Kunstwerk

10 Barad: Posthumanist Performativity, S. 801.

11 Karen Barad: *Agentieller Realismus. Über die Bedeutung materiell-diskursiver Praktiken*, aus d. Engl. v. Jürgen Schröder Berlin: Suhrkamp 2012, S. 98.

12 Katharina Hoppe: Eine neue Ontologie des Materiellen? Probleme und Perspektiven neomaterialistischer Feminismen. In: Christine Löw / Katharina Volk / Imke Leicht / Nadja Meisterhans (Hrsg.): *Material turn: Feministische Perspektiven auf Materialität und Materialismus*. Opladen / Berlin / Toronto: Budrich 2017, S. 35–50, hier S. 36–37.

13 Barad: *Agentieller Realismus*, S. 40–43.

14 Vgl. z.B. Susanne Witzgall: Neue Materialist_innen in der zeitgenössischen Kunst. In: Dies. / Kerstin Stakemeier (Hrsg.): *Macht des Materials/Politik der Materialität*. Zürich / Berlin: Diaphanes 2014, S.137–150, hier S. 147.

verhandelt und generiert, sind mit dem gewählten Material, den inszenierten Handlungen und Körpern verflochten, und genau diese Verflechtungen bringen dann die spezifische Ästhetik hervor.

Depression im Gefüge

In diesem situativen, prozessualen und dynamischen Verständnis von Kunst lässt sich Huyghes Arbeit als ein Gefüge verstehen, das unter Berücksichtigung der ortsspezifischen Gegebenheiten initiiert wird. Die Entitäten dieses Gefüges beeinflussen und gestalten die Situation durch ihre Handlungen und ihre Verhaltensweisen aktiv.

Das Gefüge zeichnet sich durch seine Dynamik sowie die Heterogenität der verflochtenen Entitäten aus. Die Verwobenheit, die der Künstler hier initiiert und ausstellt, ist nicht zielgerichtet oder an einen bestimmten Zweck gebunden. Vielmehr werden die wechselseitigen Verflechtungen (*entanglements*) selbst exponiert.

Huyghes Konzept korrespondiert also mit Barads Perspektivverschiebung auf *intra-actions*. Der Fokus verlagert sich in seiner Arbeit von den einzelnen Entitäten hin zu den Relationen, die sie miteinander eingehen. Wann ertönt der dumpfe Sound? Warum verdunkelt sich das Glas des Aquariums? Wie viele schwarze Pyramiden fliegen auf meinem Handydisplay umher? Hat der Weberkegel sich jetzt bewegt? Wer reagiert hier auf wen? Diese Verwobenheit zeigt sich dabei insbesondere im Austausch von Daten – in der Verknüpfung von Tieren und ihren Handlungen, Umweltbedingungen und Technologien. Und genau diese *intra-actions* konstituieren nach Barad das *entanglement*:

> Entanglements are not intertwinings of separate entities, but rather irreducible relations of responsibility. There is no fixed dividing line between 'self' and 'other', 'past' and 'present' and 'future', 'here' and 'now', 'cause' and 'effect'.[15]

Entitäten bringen sich im Prozess der Verflechtungen gegenseitig hervor, so dass sie nicht als voneinander getrennte Phänomene betrachtet werden können. Das ‚self', bringt auch das ‚other' hervor und umgekehrt. Ohne relationale Beziehung ist weder ein ‚selbst' noch ein ‚anderes' denkbar.

15 Karen Barad: Quantum Entanglements and Hauntological Relations of Inheritance: Dis/continuities, SpaceTime Enfoldings, and Justice-to-Come. In: *Derrida Today* 3,2 (2010), S. 240–268, hier S. 256.

In Bezug auf *After ALife Ahead* bedeutet dies, dass Relationen und Wechselwirkungen das Kunstwerk hervorbringen und es in einem Prozess ständigen Werdens erhalten. Variationen und Veränderungen sind vorgesehen, aber nicht vorausgeplant. Der Künstler bleibt hier also nur als deistischer Schöpfer präsent, doch nach der initialen Handlung ist das Gefüge sich selbst überlassen.

Eine Folge der nicht vorhersagbaren Dynamiken ist der Auszug der Pfauen aus der alten Eissporthalle. Zur Ausstellungseröffnung werden die Tiere vom Künstler in die ästhetische Situation gebracht, sie verstecken sich jedoch, wirken ängstlich und deprimiert, kaum ein*e Besucher*in bekommt sie zu sehen, so dass kurze Zeit später entschieden wird, sie aus der Ausstellung zu nehmen.

Als handelnde und aktive Subjekte stellen die Tiere sich nicht uneingeschränkt zur Betrachtung bereit. Das Modell des dem Menschen untergeordneten Tieres, das zur Verfügung stehen muss, ist somit unterwandert. Die Pfauen haben ihr Einvernehmen verweigert. Veterinäramt, Veranstalter*innen und Künstler berücksichtigen ihren Widerstand: Die Tiere müssen nicht in der Installation bleiben. Die Diagnose[16] verweist auf ihren Subjektstatus: Denn eine Depression setzt ein Ich-Bewusstsein voraus. Sigmund Freud definiert die Melancholiker*innen – die Vorgänger*innen der Depressiven[17] – als Subjekte, deren Ich-Gefühl herabgesetzt ist: Das Ich ist „arm und leer geworden".[18] Pfauen, die als depressiv wirkend beschrieben werden, wird also ein Ich-Gefühl zugestanden. Sie sind damit eindeutig keine Objekte oder Requisiten. Sie zeigen ihr Gefühl von Deplatziertheit sowie ihr Unwohlsein an diesem spezifischen Ort und sie werden in dieser Subjektivität gesehen. Ihre Depression wird zum Widerstand.

After ALife Ahead beginnt mit dem Entwurf des Künstlers, dehnt sich über den gesamten Ausstellungzeitraum und endet frühestens mit der

16 Laut WHO können u.a. folgende Symptome eine Depression ausmachen: Interessenslosigkeit, Appetitlosigkeit, Angstgefühle, fehlendes Empfinden von Freude, Energielosigkeit, Schlafstörungen. http://www.who.int/news-room/fact-sheets/detail/depression (Zugriff am 27.07.2018).

17 Zur Begriffsgeschichte der Depression über den Begriff der Melancholie siehe Charlotte Jurk: *Der niedergeschlagene Mensch. Depression. Eine sozialwissenschaftliche Studie zu Geschichte und gesellschaftlicher Bedeutung einer Diagnose.* Münster: Westfälisches Dampfboot 2008.

18 Sigmund Freud: Trauer und Melancholie. In: Ders.: *Kleine Schriften II.* https://ebooks.qumran.org/opds/index.php?action=getbook&book=5534&format=epub&lang=de (Zugriff am 04.09.2018), S. 30–58, hier S. 35.

Schließung der Skulptur Projekte 2017. Die Besucher*innen erleben in diesem Setting immer nur einen spezifischen Zeitabschnitt. Dass die Pfauen nur wenige Tage anwesend sind, stellt dabei genau eine solche Dynamik dar, die das Gefüge als prozessual und dynamisch ausweist.
Die Diagnose Depression kann hier zugleich als Form der Selbstermächtigung und des Widerstands gelesen werden wie auch als Folge von Zuschreibungen. Denn den Pfauen wird eine psychische Krankheit diagnostiziert, die das Konzept des Künstlers stützt. Die Diagnose der Pfauen lässt sich also auch als rhetorisches Manöver und Kommunikationsstrategie lesen, die eine Maßnahme des Tierschutzes zum Teil des Kunstwerks macht. Egal wie die Pfauen handeln, sie sind durch die Handlungen anderer immer Teil der Installation. Ihr Widerstand wird im Kunstwerk absorbiert. Die Verflechtungen zwischen Pfauen, Depression und Kunst zeichnen sich dabei durch jene poröse Dynamik aus, die die Entitäten und ihre Relationen singulär und intraaktiv konstituiert.

Abwesenheit

Die Abwesenheit der Tiere hinterlässt Spuren. Die Seinsform der Pfauen innerhalb des Kunstwerks verändert sich von Anwesendsein zu Abwesendsein. Auch nach dem Eröffnungstag und in ihrer Abwesenheit erinnern die Pfauen an die Fragilität und Vergänglichkeit ihrer Physis und Psyche. Ihre Abwesenheit korrespondiert mit der Brache in der Eissporthalle. Die karge, kraterdurchzogene Landschaft und das Wissen um die Absenz der Pfauen verbinden sich zu einer dystopischen Wirkung von Leere und Fragilität in einem Environment. Das Abwesende ist das Unverfügbare. In ihrer radikalsten Ausformung ist die Abwesenheit der Tod: die ultimative, nicht zurückzuziehende Abwesenheit, von der nur Spuren übrigbleiben.[19] Die Rezipient*innen werden so auch mit ihrer eigene Fragilität und Zeitlichkeit konfrontiert, sowie mit der ihrer Umwelt. In diesem Sinne verknüpfen die Pfauen mit ihrer Abwesenheit einen Diskurs um das Ende jeglichen Lebens – etwa in einer postanthropozentrischen Welt, die in Huyghes Arbeit anklingt.
Dieser Fokus auf das Phänomen der Abwesenheit wird durch die Anwesenheit der Bienen bekräftigt. Denn mit ihnen ist assoziativ

19 Gerald Siegmund: *Abwesenheit. Eine performative Ästhetik des Tanzes. William Forsythe, Jérôme Bel, Xavier Le Roy, Meg Stuart.* Bielefeld: Transcript 2006, S. 33–34.

unweigerlich das Phänomen des Bienensterbens verknüpft. Durch Umwelteinflüsse, Pestizide und Krankheiten gehen die Bienenpopulationen zurück, was die Biodiversität beschneidet und das Ökosystem destabilisiert. Eine nicht mehr zuordenbare Aussage wird in diesem Diskurs gerne angeführt, nämlich, dass die Bienen nur das Verschwinden aller anderen Lebewesen vorwegnähmen. Die Bienen betonen somit nicht nur ihre eigene drohende Abwesenheit, sondern auch das potentielle Ende jeglichen Lebens. Diese Gleichzeitigkeit von potenzieller Abwesenheit und dem materialisierten Da-Sein findet sich auch im Titel der Arbeit wieder. *After ALife Ahead* – nach einem Leben und gleichzeitig vor dem was kommt.

Krebs im Gefüge

Nicht nur die Pfauen verbinden sich in Huyghes Installation mit einem Krankheitsdiskurs. Während die konkrete Situation des Kunstwerks sich auf den Gesundheitszustand der Pfauen auswirkt, ist ein schwelendes Potenzial von Krankheit bereits im Installationsaufbau angelegt. Ein Inkubator mit HeLa-Krebszellen[20] ist Teil des Gefüges. Als Sinnbild für wuchernde, schwer kontrollierbare und potentiell tödliche Dysfunktionen werden die Krebszellen extrahiert und in einen ästhetischen Komplex eingefügt. Die Zellen sind vom menschlichen Körper entkoppelt und reagieren in einem autonomen, posthumanen System, in dem der Künstler nicht mehr regulierend interveniert.

Pierre Huyghe greift mit dem Inkubator auf eine Arbeit zurück, die er 2016 im Palais de Tokyo in Paris gezeigt hat. *Living/Cancer/Variator* installiert bereits den Inkubator mit Krebszellen, deren Wachstum von

20 HeLa-Zellen sind nach Henrietta Lacks benannt, die 1951 an den Folgen von Gebärmutterhalskrebs starb. Im Zuge ihrer Behandlung wurden ihr an der Johns-Hopkins-Klinik in Baltimore Gewebeproben mit Krebszellen entnommen. Zu dieser Zeit wurde in der Krebsforschung versucht, tierliche oder menschliche Zelllinien im Labor am Leben zu erhalten, um Medikamentenwirkungen und Wachstumsverhalten zu erforschen oder z. B. die Reaktionen von Zellen auf Viren unter dem Mikroskop zu beobachten. Bis dahin war es nie gelungen, Zellen für längere Zeit unter künstlichen Bedingungen zu erhalten. Solange bis Henrietta Lacks' Zellen sich auch im Labor so rasant teilten, dass es gelang, die angelegte Zellkultur immer weiter fortzuführen. Die Forscher*innen geben die Kulturen an ihre Kolleg*innen weiter – bis heute werden HeLa-Zellen weltweit in Laboren verwendet. Vgl. Friederike Lorenz: Ein bisschen Unsterblichkeit. In: *Die Zeit*, 52/2016. https://www.zeit.de/2006/52/M-Hela-Zellen/komplettansicht (Zugriff am 17.03.2018); Alexandra del Carpio: The Good, the Bad and the Hela. In: *Berkeley Science Review*, 04/2014. http://berkeleysciencereview.com/article/good-bad-hela/ (Zugriff am 17.03.2018).

den *intra-actions* der Umgebung abhängt. Auch dort senden Sensoren die Daten, die im Museum erhoben werden, an den Inkubator und beeinflussen so die Vorgänge darin.[21] Die Zellen reagieren, beschleunigen oder verlangsamen ihr Wachstum je nach den Bedingungen, in denen sie sich befinden. Sie passen sich an und modifizieren sich. Als Teil eines Gefüges agieren und reagieren sie genauso wie die anderen Akteur*innen. Während in *Living/Cancer/Variator* Spinnen, Ameisen und Fliegen die Daten generieren, die an den Inkubator gesendet werden, so wird dieses Gefüge in *After ALife Ahead* verändert. Es sind nun Bienen, Pfauen und Weberkegel, deren Verhalten sich auf die HeLa-Zellen auswirkt.

In ihrem 1977 erschienenen Essay *Illness as Metaphor*[22] analysiert Susan Sontag: „Now it is cancer's turn to be the disease that doesn't knock before it enters, cancer that fills the role of an illness experienced as a ruthless, secret invasion."[23] Sontag verweist auf den Kontrollverlust, den die Metapher vom Krebs als Invasion ausdrückt. Wuchernde, streuende Zellen nehmen die Körper von Pflanzen, Tieren oder Menschen ein. Vom menschlichen Körper entkoppelt und vom Künstler in das Gefüge *After ALife Ahead* eingebracht, stellen die Zellen im Inkubator so eine potentielle Gefahr dar, auch wenn sie eine Invasion ohne Wirtskörper nicht beginnen können. Erst in der materialisierten Verflechtung von Zellen und Körper werden Krebspatient, kranke Zellen und Krankheit hervorgebracht.

Sontag kritisiert die Stigmatisierung von Krebspatient*innen, die durch ein spezifisches Sprechen über Krebs und den Gebrauch von abwertenden Metaphern erzeugt wird. Sie mutmaßt, dass die Sprache sich zum Besseren verändern wird, sobald die Krankheit verstanden und die Heilungsrate höher sein wird.[24] Damit schreibt sie die Handlungsmacht in Bezug auf die Sprache allerdings allein der Medizin zu. Dabei ist es gerade das Vorgehen von Krebszellen im Körper, das die Sprache prägt. Siddhartha Mukherjee weist auf die Ähnlichkeit von gesunden Zellen und Krebszellen hin: „A cancer cell is an astonishing perversion

21 Catherine Craft: 2017 Nasher Prize Laureate Pierre Huyghe. In: *nashersculpturecenter*. http://www.nashersculpturecenter.org/learn/research/articles-publications/article?id=50 (Zugriff am 27.05.2018).

22 Susan Sontag: Illness as Metaphor. In: Dies.: *Illness as Metaphor and AIDS and Its Metaphors* [1977]. New York: Picador 2001, S. 6–95, hier S. 7.

23 Ebd., S. 8.

24 Ebd., S. 84.

of a normal cell […] because it exploits the very features that make us successful as a species or as an organism."[25]

Annie Hill präzisiert: „[C]ancer incites responses, makes impressions, and produces effects"[26]. Mit dem Fokus auf den Verflechtungen und Austauschprozessen im Gefüge wird in Pierre Huyghes *After ALife Ahead* die Nähe der Krebszellen zu den anderen Lebewesen augenfällig. Innerhalb des Gefüges sind potentiell alle Konstellationen und Verflechtungen möglich. Das Gefüge materialisiert sich in, um und durch die Körper. Die exponierte Verwobenheit der Entitäten inkludiert auch die Krankheit, die durch diese Zellen hervorgerufen wird. Eine Analogie zwischen dem Kunstwerk und den individuellen Körpern, in denen Krebszellen sich potentiell ausbreiten können, liegt nahe. Die Rezeption von Huyghes Arbeit als „Mondlandschaft"[27], „postapokalyptische Szenerie"[28], „postapokalyptische[r] Kosmos"[29] oder auch als „Memento mori des 21. Jahrhunderts"[30] bestätigen die dystopische Wirkung der Arbeit auf die menschlichen Besucher*innen. Dass die Zellen im Inkubator Gebärmutterhalskrebszellen sind und somit auf Reproduktionsfähigkeit oder -unfähigkeit hindeuten, trägt sicherlich ebenso dazu bei. Die Zellen stellen aus der Perspektive der anderen Lebewesen potentielle Störungen im Gefüge dar. Doch diese Einordnung als Störung wiederum bleibt relational. Die Anwesenheit der Krebszellen exponiert insbesondere die Verflechtungen und Verflechtungspotenziale, die Huyghes Konzept so betont.

25 Siddhartha Mukherjee: *The Emperor of All Maladies: A Biography of Cancer*. New York: Scribner 2010, S. 38, zit. n. Annie Hill: Breast Cancer's Rhetoricity Bodily Border Crisis and Bridge to Corporeal Solidarity. In: *Review of Communication* 16,4 (2016), S. 281–298, hier S. 284.

26 Hill: Breast Cancer's Rhetoricity, S. 285.

27 Elena Markus: Skulptur Projekte Münster 2017. In: *Detail*, 25.08.2017. https://www.detail.de/blog-artikel/skulptur-projekte-muenster-2017-30680/ (Zugriff am 29.05.2018).

28 Nicole Buesing / Heiko Klaas: Hier können alle übers Wasser wandeln. In: *Saarbrücker Zeitung*, 07.08.2017. https://www.saarbruecker-zeitung.de/kultur/sz-kultur/hier-koennen-alle-uebers-wasser-wandeln_aid-2507345 (Zugriff am 29.05.2018).

29 Die Monopol Redaktion: 20 Werke der Grand Tour, die wir nicht vergessen werden. In: *monopol magazin*, 13.07.2017. https://www.monopol-magazin.de/diese-20-kunstwerke-des-superkunstjahrs-werden-bleiben (Zugriff am 29.05.2018).

30 Nicole Buesing / Heiko Klaas: Weltpolitik im Schrebergarten. In: *daremag*, 11.06.2017. http://daremag.de/2017/06/weltpolitik-im-schrebergarten/ (Zugriff am 29.05.2018).

Hippochondrie

Über ein krankes und ein gesundes Pferd in Hugo von Hofmannsthals *Reitergeschichte*

Martin Bartelmus

1. Vorbemerkungen zur ‚Hippochondrie'

In Hugo von Hofmannsthals *Reitergeschichte* von 1899 ist selbst für Anton Lerch, den erfahrenen Soldaten und Wachtmeister des „Streifkommando[s], [der] zweite[n] Eskadron von Wallmodenkürassieren",[1] das von Rittmeister Baron Rofrano angeführt wird, ein „ungewohntes Geräusch"[2] zu hören:

> Wie nun zugleich aus der Brust seines Pferdes ein schwerer röhrender Atem hervordrang, er dies ihm völlig ungewohnte Geräusch aber nicht sogleich richtig erkannte und die Ursache davon zuerst über und neben sich und schließlich in der Entfernung suchte [...].[3]

Dieses Geräusch ist der röchelnde Atem seines Pferdes, eines „weißgestiefelten" „Braun[s]", der – so die These – krank geworden ist. Liest man Hofmannsthals Text nicht nur als Erzählung, die von männlichen Reitern handelt,[4] sondern als eine Erzählung, die von Pferden

1 Hugo von Hofmannsthal: Reitergeschichte. In: Ders.: *Sämtliche Werke*, Bd. 28: Erzählungen 1. Frankfurt am Main: Fischer 1975, S. 39–48, hier S. 39.

2 Ebd., S. 45.

3 Ebd.

4 Vgl. Thomas A. Kamla: The Officer-figure Aestheticized. Some Biographical Speculations on Hofmannsthal's 'Reitergeschichte'. In: *Perspectives on Contemporary Literature* 14 (1988), S. 64–72. Zu Hofmannsthals Erfahrungen im Militär vgl. J. Colin Fewster: Hugo von Hofmannsthal and the Cavalry. In: *Seminar* 32,2 (1996), S. 115–128; ders.: Hofmannsthal's 'Reitergeschichte': Baron Rofrano and the Anxieties of a Writer. In: *Seminar* 32,4 (1996), S. 293–305; Mathias Mayer: *Hugo von Hofmannsthal*. Stuttgart / Weimar: Metzler 1993, S. 4–5; Martin Stern: Die verschwiegene Hälfte von Hofmannsthals „Reitergeschichte". In: Ders. / Karl Pestalozzi (Hrsg.): *Basler Hofmannsthal-Beiträge*. Würzburg: Königshausen & Neumann 1991, S. 109–112; Rüdiger Steinlein: Hugo von Hofmannsthals *Reitergeschichte*. Versuch einer struktural-psychoanalytischen Lektüre. In: Elsbeth Dangel-Pelloquin (Hrsg.): *Hugo von Hofmannsthal. Neue Wege der Forschung*. Darmstadt: WBG 2007, S. 17–40, hier S. 18; Thomas A. Kamla: The Aestheticism-Decadence Dialectic in Hofmannsthal's 'Reitergeschichte'. In: *Orbis Litterarum* 44 (1989), S. 327–340.

und ihrem spezifischen Verhältnis zu ihren männlichen Reitern spricht, dann ist ein krankes Pferd doppelt bedrohlich. Ein krankes Pferd minimiert die Kampfkraft der Eskadron und bedroht so das Leben nicht nur seines Reiters, sondern auch der anderen Soldaten. Männer und Pferde könnten sich anstecken. Bedroht ist einerseits das individuelle und kollektive Leben von Mensch und Tier im militärischen Verbund, andererseits der, wie Ullrich Raulff für das 19. Jahrhundert konstatiert, „kentaurische Pakt".[5] Gemeint ist die gemeinsame Kulturgeschichte von Mann und Pferd, die Domestikation der Dynamik und Energie der Fluchttiere zugunsten der Ausbreitung des menschlichen Zugriffs auf die Umwelt. Eroberung, Verbreitung von Informationen, wirtschaftlicher und soziokultureller Fortschritt sind ohne das Pferd nicht zu denken. Weil Mann und Pferd so eng miteinander verbunden sind, dass von einem Paradigma des Kentauren zu sprechen, vor allem für die *Reitergeschichte*, zutreffend erscheint, bezeichnet ein krankes Pferd in diesem Sinnhorizont von Kraft und Macht auch ein zoobiopolitisches Problem. Die Zoobiopolitik, präziser der Diskurs um die Hygiene – besonders im Spannungsverhältnis zwischen Mensch und Tier – ist im 19. Jahrhundert Verschiebungen unterworfen: Gemeint sind die Verschiebung im medizinischen Diskurs vom Antikontagionismus zum Kontagionismus um die 1850er Jahre, denn Hofmannsthal datiert die Diegese in das Jahr 1848, und die Weiterentwicklung in den 1890er Jahren zur Bakteriologie, die im 20. Jahrhundert um die Immunologie erweitert wird. Letztere Entwicklung korreliert mit dem Entstehungszeitraum von Hofmannsthals Erzählung. D.h., ein krankes Pferd steht zwischen der Miasma-Theorie, die besagt, über die Luft werden Krankheiten übertragen, und der Bakteriologie, die besagt, dass ein Krankheitserreger Krankheiten auslöst und überträgt.
Hofmannsthals *Reitergeschichte* verschränkt nicht nur anhand des kranken Pferdes, sondern auch anhand eines Beutepferds, eines Eisenschimmels, dessen sich Lerch in einem Zweikampf durch das Töten eines jungen Offiziers bemächtigt (oder bemächtigt sich das Pferd vielmehr eines neuen Reiters?), sowie einer Kuh, Ratten und Hunde[6] den kentaurischen Pakt mit dem hygienischen Diskurs, der in Metaphern

5 Ulrich Raulff: *Das letzte Jahrhundert der Pferde. Geschichte einer Trennung.* München: Beck 2016, S. 24–28.
6 Hofmannsthal: Reitergeschichte, S. 43–45.

des Krieges und Kampfes gekleidet wird.[7] Poetologisch bedeutet das, dass die kranke und gesunde Agentialität zweier Pferde den Text konstituiert und eine ‚Hippochondrie', eine an das Pferd gekoppelte energetische Verlustangst und zoobiopolitische Sorge, produziert. Es geht mir folglich um den Braun und den Eisenschimmel, die durch ihr Verhalten die Reitergeschichte erst schreiben.

2. Der Braun, ein krankes Pferd und die hygienischen Spuren in der *Reitergeschichte*

Der erwähnte „schwere röchelnde Atem" des kranken Brauns ist etwa nach zwei Dritteln der Erzählung zu hören. Dieses Geräusch irritiert die Leserin am Ende einer Abfolge von Anstrengungen, die Ross und Reiter im Kriegszustand auszuhalten hatten. Zwar stehen Anton Lerchs Pferd und ihm noch eindrücklich geschilderte Kampfhandlungen im letzten Drittel der Erzählung bevor, allerdings hatte das Reiterkollektiv bereits eine überdurchschnittliche Leistung vollbracht. Ziel des Reiterkollektivs war Mailand. Auf dem Weg führte die Eskadron mehrere Polizeiaktionen und Kampfhandlungen aus. Sie attackierten im Galopp eine „feindliche Fußtruppe", die auf die Reiter mit „miauenden Kugeln" schoss, stellten „Studenten der Pisaner Legion" in einer Villa, nahmen einen Verdächtigen fest, der „Detailpläne" schmuggelte, erbeuteten eine „Herde Vieh" und mussten sich erneut, diesmal einem „starke[n] feindlichen Trupp" stellen.[8] Dafür musste die Reiterei eine Friedhofsmauer überspringen und die fliehenden Feinde verfolgen. Auch fiel ihnen dabei eine von Ackergäulen gezogene Haubitze in die Hände, die von der Eskadron weiter mitgeführt wird.[9]

Die Erzählung vermittelt einen Kriegszustand ständig drohender Gefahr, eine Form des Ausnahmezustands, der zu Ermüdung und Überreizung der physischen und psychischen Kräfte von Ross und

7 Vgl. zur Verbindung von Militär und bakteriologischer Forschung Markus Jansen: *Das Wissen vom Menschen. Franz Kafka und die Biopolitik*. Würzburg: Königshausen & Neumann 2012, S. 109. Das Militär war nicht nur Geldgeber, sondern implementierte dem Kampf gegen Infektionen seine Rhetorik. Vgl. Philipp Sarasin: Die Visualisierung des Feindes. Über metaphorische Technologien der frühen Bakteriologie. In: Ders. / Silvia Berger / Marianne Hänseler / Myriam Spörri (Hrsg.): *Bakteriologie und Moderne. Studien zur Biopolitik des Unsichtbaren 1870–1920*. Frankfurt am Main: Suhrkamp 2007, S. 427–430.

8 Hofmannsthal: Reitergeschichte, S. 39–40.

9 Ebd., S. 40.

Reiter führt. Schließlich ist es Ende Juli,[10] Hochsommer in Oberitalien und zwischen dem Militärcasino San Alessandro und Mailand hat die Eskadron bereits eine Strecke zurückgelegt, die beinahe der üblichen Tagesbelastung einer Reiterei entspricht.[11] Etwa zur Hälfte der Erzählung ist die Leistungsgrenze bereits erreicht. Zwar macht die Eskadron nach der Eroberung Mailands, die, da Mailand von militärischen Kräften verlassen ist, reibungslos verläuft, Rast, doch das Reiten auf Pflastersteinen sorgt für eine weitere physische Belastung der Pferde. Die Dynamik der Pferde und vor allem Lerchs Pferd strukturiert und rhythmisiert die Erzählung. Jede Bewegung des Pferdes löst eine neue Perspektive, ein neues Ereignis, das erzählt werden kann, aus. In Mailand ist es der „steife[] Tritt", der Wahrnehmung, Blickwinkel und Aufmerksamkeit auf etwas Neues lenkt, nämlich Lerchs Neugierde, die in ein Begehren nach erotischer und luxuriöser Ausschweifung übergeht:

> Neugierde bewog ihn, sich im Sattel umzuwenden, und da er gleichzeitig aus einigen steifen Tritten seines Pferdes vermutete, es hätte in eines der vorderen Eisen einen Straßenstein eingetreten, er auch an der Queue der Eskadron ritt und ohne Störung aus dem Gliede konnte, so bewog ihn alles dies zusammen, abzusitzen [...]. Kaum hatte er hier den zweiten weißgestiefelten Vorderfuß seines Braunen in die Höhe gehoben, um den Huf zu prüfen, als wirklich eine aus dem Innern des Hauses ganz vorne in den Flur mündende Zimmertür aufging und in einem etwas zerstörten Morgenanzug eine üppige, beinahe noch junge Frau sichtbar wurde, hinter ihr aber ein helles Zimmer mit Gartenfenstern [...].[12]

Der eingeschränkte Gang des Pferdes führt zu einer Begegnung, bei der zum ersten Mal im Text gesprochen wird:

> ‚Vuic', – diesen ihren Namen hatte er gewiss seit 10 Jahren nicht wieder in den Mund genommen und ihren Taufnamen vollständig vergessen – ‚in acht Tagen rücken wir ein, und dann wird das da mein Quartier', auf die halb offene Zimmertür deutend. [...] Das ausgesprochene Wort aber machte seine Gewalt geltend.[13]

10 Hofmannsthal: Reitergeschichte, S. 39.

11 Friedrich von Bernhardi: *Unsere Kavallerie im nächsten Kriege. Betrachtungen über ihre Verwendung, Organisation und Ausbildung.* Berlin: Königliche Hofbuchhandlung 1899, S. 108.

12 Hofmannsthal: Reitergeschichte, S. 41.

13 Ebd., S. 42.

Da Lerch nicht sofort seiner Lust nachgeben kann, verschiebt sich das Begehren auf ein anderes Ziel. Etwas später, nachdem das Streifkommando Mailand verlassen und gerastet hat, wird Lerch ein Dorf ausmachen,

> in dem [...] [er] geradezu einen feindlichen General mit geringer Bedeckung zu überraschen und anzugreifen oder anderswie ein ganz außerordentliches Prämium zu verdienen hoffte, [...].[14]

Wieder wird der Gang des Pferdes gestört, wodurch das Dorf erst in den Blick gerät und sich als hygienische Dystopie entpuppt. Lerch muss, da er

> harte Steinplatten unter sich fühlend, auf welchen noch dazu irgendein glitschiges Fett ausgegossen war, sein Pferd im Schritt parieren [...].[15]

Die Verlangsamung des Reiters führt dazu, dass Zeichen in den Blick geraten, die als Vorzeichen lesbar werden: „totenstill", „schmutzige kleine Häuser", „auf den nackten Ziegeln war hie und da etwas Hässliches mit Kohle gezeichnet", „eine faule, halbnackte Gestalt".[16] Kohlezeichnungen an den Wänden, untot anmutende menschliche Gestalten in den Häusern – „kein Kind, kein Vogel, kein Lufthauch".[17] Das Dorf wirkt, als sollte man es besser nicht betreten.

Der Einritt der Eskadron nach Mailand hat sich dagegen ganz anders gelesen. Die Stadt wird als „große und schöne, wehrlos daliegende [...]"[18] beschrieben. Die Reiterei bewegt sich „hinklirrend" mit einigem Pomp unter dem Klang der „Mittagsglocken" sowie dem „Generalmarsch von den vier Trompeten" durch die Straßen.[19] Dabei geraten die Bewohner/innen in den Blick, als „[...] verschlafene Fenster aufgerissen [werden] von den entblößten Armen schöner Unbekannter,"[20] die Reiterei an Kirchen vorbeikommt, die „alle sich auftuend und unter Kerzenschein und Weihrauchqualm" „brokatgekleidete strahlenäugige Frauen"[21] zeigen.

14 Ebd., S. 43.
15 Ebd.
16 Ebd.
17 Ebd.
18 Ebd., S. 40.
19 Ebd.
20 Ebd.
21 Hofmannsthal: Reitergeschichte, S. 40.

Zudem sind zumeist „halbwüchsige Mädchen und Buben, die weißen Zähne und dunklen Haare zeigend,“[22] zu sehen. Der Text konstituiert folglich eine reiche Stadt mit gesunden Einwohnern/innen.
Der Weihrauchduft komplettiert den Eindruck der Gesundheit, übertüncht der Duft doch üble Gerüche und schreibt einen Mythos der Heilung und Desinfektion fort, der sich wissenschaftlich nicht belegen lässt.[23] Dennoch verweist gerade der Weihrauch auf die Debatte der 1850er Jahre zwischen Kontagionisten und Antikontagionisten.[24] Denn die Luft, vielmehr die Miasma-Theorie bildet den Kern[25] der antikontagionistischen Theorie, die in der Mitte des Jahrhunderts ihren Höhepunkt findet, bevor sie widerlegt wird.[26] Für die Antikontagionisten ist die Luft Träger und Ursache von Krankheiten.[27] D.h.: „Infektionen [werden] allein durch verunreinigte, schlechte Luft an einem bestimmten Ort verursacht.“[28]
Das Eindringen in die Umwelt und die Wahrnehmung der Umwelt sind an die Bewegung des Pferdes geknüpft und verhandeln in Mailand wie im Dorf die zeichenhafte Verbindung von Gesundheit, Aussehen, Klang/Geräusch und Luft und verweisen damit auf den hygienischen Diskurs. Gleich nach der Beschreibung der Umwelt und der Eindrücke auf der Schwelle zum Dorf passiert eine weitere miasmatische Begegnung, bei der erneut eine Frau auftaucht und die Beine des Pferdes Auslöser sind:

> Sein Pferd ging schwer und schob die Hinterbeine mühsam unter, wie wenn sie von Blei wären. Indem er sich umwendete und bückte, um nach dem rückwärtigen Eisen zu sehen, schlurften Schritte aus einem Hause, und da er sich aufrichtete, ging dicht vor seinem Pferde eine Frauensperson, deren Gesicht er nicht sehen konnte. [...]; sie ging so dicht vor dem Pferde, daß der Hauch aus den

22 Hofmannsthal: Reitergeschichte, S. 40.

23 Vgl. zu Weihrauch, Heiligkeit, Gesundheit und Leben Annik Le Guérer: *Die Macht der Gerüche. Eine Philosophie der Nase.* Stuttgart: Klett-Cotta 1992, S. 199.

24 Vgl. ebd., S. 152.

25 Vgl. Jansen: *Das Wissen vom Menschen*, S. 104.

26 Vgl. Erwin H. Ackerknecht: Antikontagionismus zwischen 1821 und 1867. In: Sarasin / Berger / Hänseler / Spörri (Hrsg.): *Bakteriologie und Moderne*, S. 71–110, hier S. 75.

27 Vgl. Philipp Sarasin / Silvia Berger / Marianne Hänseler / Myriam Spörri: Bakteriologie und Moderne. Eine Einleitung. In: Ebd., S. 8–43, hier S. 17.

28 Ebd.; vgl. Owsei Temkin: Eine historische Analyse des Infektionsbegriffs. In: Sarasin / Berger / Hänseler / Spörri (Hrsg.): *Bakteriologie und Moderne*, S. 44–70, hier S. 46.

> Nüstern den fettig glänzenden Lockenbund bewegte, der ihr unter einem alten Strohhute in den entblößtem Nacken hing, und doch ging sie nicht schneller und wich dem Reiter nicht aus.[29]

In Mailand traf Lerch auf eine Frau, die er als „Vuic" ansprach und als eine alte Geliebte wiedererkannte.[30] Der Text selbst konnotiert sie als Prostituierte,[31] die in Lerch Begierde nach privatem Reichtum und sexueller Erfüllung weckt.[32] Er spricht sie an. Im Dorf dagegen haucht das Pferd eine „Frauensperson" an, „deren Gesicht [Lerch] nicht sehen konnte."[33] Atmen und Sprechen markieren die anthropologische Differenz. Das Wort, besser noch der Befehl gehört allein dem Menschen/Mann. Das Tier dagegen atmet nur, bringt keinen Ton heraus. Im Kontext der Miasma-Theorie wird das Atmen des Pferdes, das zum Kontakt mit der zombiesk anmutenden Frau führt, zu einer möglichen Kontamination, die die ‚Hippochondrie' auslöst. Am Ende der Episode im Dorf ist das „ungewohnte Geräusch" zu hören, das schwere Atmen des Pferdes, das, wie es scheint, seinen Ursprung nicht nur in der Belastung des Pferdes hat. Schleppend bewegt sich das vorher noch so dynamische Duo, um aus dem Dorf herauszukommen.

Die kentaurische Körperlichkeit, d. h., die Disziplinierung der Körper von Mann und Pferd, Kraft und Schnelligkeit als Waffe einzusetzen, wird im Dorf zuerst von der Frau, deren Gesicht Lerch nicht erblicken konnte, dann von unterernährten kranken Hunden[34] und zuletzt von einer Kuh,[35] die das Gegenteil der Dynamik des Pferdes zu sein scheint,[36] retardiert. Lerch „fühlte aber in der Gangart seines Pferdes eine so unbeschreibliche Schwere, ein solches Nichtvorwärtskommen [...]."[37] Schleppender Gang, röchelnder Atem, Apathie – die Überlastung und

29 Hofmannsthal: Reitergeschichte, S. 43.

30 Ebd., S. 41.

31 J. Colin Fewster: The Onomastics of Order in Hofmannsthal's 'Reitergeschichte'. In: *Seminar* 38,1 (2002), S. 32–45. Neben weiteren ironischen Anspielungen im Text verweist auch der Name „Vuic", wie Fewster darstellt, auf das älteste Gewerbe der Welt.

32 Hofmannsthal: Reitergeschichte, S. 42.

33 Ebd., S. 43.

34 Ebd., S. 44.

35 Ebd., S. 44–45.

36 Vgl. Peter Bexte: Die Kuh. In: Christian Kassung / Jasmin Mersmann / Olaf B. Rader (Hrsg.): *Zoologicon. Ein kulturhistorisches Wörterbuch der Tiere*. München: Fink 2012, S. 225–226.

37 Hofmannsthal: Reitergeschichte, S. 43.

Unterernährung[38] lassen den Braun im Kontrast zur Potenz des kentaurischen Pakts krank erscheinen. Die Ausbreitung und Eroberungslogik des Reiterkollektivs, wie sie noch in Mailand gegolten hatte, wird obsolet und die Spannungsverhältnisse zwischen Mensch und Tier, Mann und Frau, Dynamik und Verlangsamung, zivil und militärisch, gesund und krank führen zu einer körperlichen wie psychischen Überspannung, einer ‚Hippochondrie', die erst in der Halluzination eines Doppelgängers und dann in einem tödlichen Zweikampf mit einem anderen Kentauren mündet.

3. Der Eisenschimmel, eine animale Agentialität und eine galoppierende Poetologie der *Reitergeschichte*

Der erfahrene Wachtmeister kann die Zeichen der körperlichen Erschöpfung seines Pferdes nicht lesen, denn er

> […] [erkannte] dies ihm völlig ungewohnte Geräusch aber nicht sogleich richtig […] und [suchte] die Ursache davon zuerst über und neben sich und schließlich in der Entfernung […].[39]

Der Atem des Pferdes leitet erneut den Blick des Reiters. Lerch

> bemerkt[] […] jenseits der Steinbrücke und beiläufig in gleicher Entfernung von dieser, als wie er sich selbst befand, einen Reiter des eigenen Regiments auf sich zukommen, und zwar einen Wachtmeister, und zwar auf einem Braunen mit weißgestiefelten Vorderbeinen.[40]

Die ‚Hippochondrie' wird hier mit dem romantischen Doppelgängermotiv verknüpft. Dabei wird aber nicht nur das männliche Subjekt gedoppelt, sondern auch der Braun. Denn am Pferd, nicht am Reiter, dessen „Gesicht [er] […] aber immer noch nicht erkennen konnte",[41] wird ihm die schreckliche Szene bewusst, da

38 Hofmannsthals Text erwähnt „Heu […], das der Wachtmeister vorne am Sattel befestigt hatte" (Hofmannsthal: Reitergeschichte, S. 45). Obwohl Hafer der Antriebsstoff des Pferdes im 19. Jahrhundert ist, weil es „reich an Protein und dem empfindlichen Verdauungsapparat der Equiden zuträglich" (Raulff: *Das letzte Jahrhundert der Pferde*, S. 44) ist, gibt es nur Heu zu Fressen. Zwar ist Heu Hauptbestandteil der Nahrung, allerdings zeigt die einseitige Ernährung die Unterversorgung der Reiterei am Ende einer andauernden Belastung im Ausnahmezustand an.

39 Hofmannsthal: Reitergeschichte, S. 45.

40 Ebd.

41 Ebd.

> sich in der ganzen Schwadron kein solches Pferd befand, ausgenommen dasjenige, auf welchem er selbst in diesem Augenblicke saß, [...].[42]

Der Wachtmeister erkennt sich selbst und reißt deshalb „[...] wie sinnlos sein Pferd [...].“[43] Die schreckhafte Dynamik der Fluchttiere, deren sich die Kentauren bemächtigt hatten, löst hier die ‚Hippochondrie‘ und damit die Fluchtbewegung des männlichen Subjekts aus. Das Pferd macht keine Anzeichen, von seinem Doppelgänger beunruhigt oder überrascht zu sein. Die Szene wird durch ein Kampfgetümmel unterbrochen. Lerch findet sich plötzlich inmitten der anstürmenden eigenen Reiterei und sieht seine Kameraden kämpfen und töten.[44] Er selbst kämpft automatisch mit. Am Ende dieses Gefechts wird die Begegnung mit einem Doppelgänger erneut gedoppelt. Denn diesmal trifft er tatsächlich auf einen anderen Reiter und ein anderes Pferd:

> Der Offizier wollte über den Bach; der Eisenschimmel versagte. Der Offizier riß ihn herum, wendete dem Wachtmeister ein junges, sehr bleiches Gesicht und die Mündung einer Pistole zu, als ihm ein Säbel in den Mund fuhr, in dessen kleiner Spitze die Wucht eines galoppierenden Pferdes zusammengedrängt war.[45]

Lerch scheint in dem kentaurischen Angriff verschwunden zu sein: Das männliche Subjekt löst sich in der Agentialität von Schwert und Pferd auf. Der junge Kentaur wird überrascht, doch es ist das Pferd, das den jungen Offizier dem Tod überlässt: „Der Offizier wollte über den Bach; der Eisenschimmel versagte.“[46] Was der Text Versagen nennt,[47] markiert die sabotierende Agentialität des Tiers. Der Eisenschimmel transportiert zwar die mytho-poetische Tradition, die ein weißes Pferd als „diabolisches Pferd“,[48] das den Tod ankündigt und den Wasserlauf nicht überschreitet, beschreibt. Er entledigt sich aber auch seines Reiters, mithin seines Status als Zeichenträger, indem er sich der militärischen Disziplinierung seines Körpers verweigert, obschon der Text in der sprachlichen Ordnung des vorherrschenden Hygiene- und

42 Ebd.
43 Ebd.
44 Ebd., S. 45–46.
45 Ebd., S. 46.
46 Ebd.
47 Ebd.
48 Jacques LeRider: „Reitergeschichte“. In: Ders.: *Historismus und Moderne in der Literatur der Jahrhundertwende.* Wien: Böhlau 1997, S. 82.

Militärdiskurses von „Versagen" spricht. Es kommt zum Reiter-Tausch. Lerch tritt an die Stelle des Getöteten als er

> […] an der gleichen Stelle, wo die Finger des Herunterstürzenden ihn losgelassen hatten, den Stangenzügel des Eisenschimmels, der leicht und zierlich wie ein Reh die Füße über seinen sterbenden Herrn hinhob[,] [erhaschte] [.][49]

Die kontrollierte Bewegung des Eisenschimmels suggeriert nicht, dass er die Beute des Wachtmeisters ist, sondern, im Gegenteil, sich ergreifen lässt. Es spricht für den animalischen Eigensinn des Eisenschimmels, dass er mit einer ebenso zierlichen Geste die Exekution Lerchs provozieren wird. Das Kampfgeschehen ist erfolgreich überstanden, die Eskadron formiert sich in Reihe. Der Wachtmeister war nicht der einzige, der Beute gemacht hatte. Doch der Rittmeister Baron Rofrano befiehlt: „Handpferde auslassen!"[50] Baron Rofrano ist die zweite, wieder männliche Figur, die spricht. Doch Lerch widersetzt sich dem Befehl und verharrt stumm in der Reihe der Eskadron.

> Nur der Eisenschimmel neben dem Wachtmeister streckte den Hals und berührte mit seinen Nüstern fast die Stirne des Pferdes, auf welchem der Rittmeister saß.[51]

Diese Geste erinnert an die Begegnung zwischen Lerchs Braun und der Frau im Dorf. Diesmal sind die Rollen vertauscht, Lerch steht an der Stelle der stummen, dem Tod geweihten Frau. Der Rittmeister putzt seine Pistole, zählt bis drei und erschießt Lerch. Daraufhin lassen alle anderen Soldaten ihre Beutepferde los. Die hygienische Matrix, die dem Text poetologisch unterlegt ist, äußert sich in der immunisierenden[52] Erschießung und damit in der Bereinigung des Kollektivs von den Beutepferden und dem von Begehren infizierten, nicht mehr der militärischen Ordnung gehorchenden Individuum Lerch.

> Er hatte aber noch nicht hingeschlagen, als auch schon sämtliche Chargen und Gemeinen sich ihrer Beutepferde mit einem Zügelriß oder Fußtritt entledigt hatten […].[53]

49 Hofmannsthal: Reitergeschichte, S. 46.

50 Ebd., S. 47.

51 Ebd.

52 Vgl. Roberto Esposito: *Immunitas. Schutz und Negation des Lebens*. Berlin: Diaphanes 2004, S. 16.

53 Hofmannsthal: Reitergeschichte, S. 48.

Es scheint, als werden alle Pferde ohne Reiter fortgejagt. Dank der Geste des Eisenschimmels sind die Pferde, vermutlich auch der Braun Lerchs, aus dem Reiterkollektiv, aus der disziplinierenden Macht des kentaurischen Pakts befreit worden. Hofmannsthals Text bricht dort ab, wo die Leserin den Pferden folgen könnte. Die Zahl „drei", mit der der Rittmeister seinen tödlichen Schuss abgibt, ordnet die Reiterei. Die Auto-Immunisierung glückt, die kentaurische Macht bleibt intakt.

***

Wenngleich sie nicht ausformuliert wird, so bleibt dem Text, dank des Brauns und des Eisenschimmels, doch eine galoppierende Poetologie. Während mit Pferden erobert, getötet und Beute gemacht wurde, erzählt das Fliehen der Pferde eine andere Geschichte. Die Pferde entledigen sich des kentaurischen Pakts. Der Braun mit seiner Erschöpfung und der Eisenschimmel mit seinem Ungehorsam markieren beispielhaft, wie mit Tieren erzählt wird und wie die Tiere das Erzählte sabotieren.

Der steife Tritt stoppt die dynamische Macht des Reiterkollektivs und das ungewohnte Geräusch des schweren Atems unterbricht die Befehlsgewalt der männlichen Stimme. Die Pferde als Saboteure verweisen auf eine animale Agentialität, menschliche und vor allem männliche Disziplinar- und Kontrollstrukturen zu durchbrechen. Der Eisenschimmel und der Braun emanzipieren sich, sind nicht mehr Zeichenträger eines männlichen Befehls (Rittmeister Rofrano) oder eines Begehrens (Lerchs Befehl an Vuic) noch eines kentaurischen Pakts oder einer zoobiopolitischen Macht, sondern ein freies galoppierendes Zeichen im Text, das nicht spricht, sondern ver-sagt.

Silent Offspring

Aviane Figurationen der Petrokultur im gegenwärtigen US-amerikanischen Umweltfilm[1]

Florian Auerochs

Strände und Küstenabschnitte, die neben extraktiven Förderstätten vielleicht am deutlichsten petrochemisch, also von der Erdölindustrie, affiziert sind, werden mittlerweile nicht nur von der episodisch einsickernden ‚schwarzen Flut' des Petroleums (*oil spills*), sondern auch von einer kunterbunten und nicht weniger bedrohlichen ‚Plastikflut' (*plastic spills*) heimgesucht. Strände weltweit und ihre tierlichen Bewohner*innen werden in besonderer Weise von der langwierigen Gewalt petrochemischer Stofflichkeiten herausgefordert, denn „[s]pills are often multiply sited, difficult to grasp as precise causes and effects. The spill categorically defies endings, persisting in space and time through its effect on ecosystems and bodies."[2]

Obgleich sich die emotionalen und räumlichen Arrangements von Strandverschmutzung im Umweltfilm[3] formal und affektiv ähneln, thematisiert das dokumentarische Genre an ihr bislang nicht oder nur peripher die rohstoffliche Herkunft von erdölbasiertem Plastik.

1 Der Titel spielt auf das einflussreiche Sachbuch *Silent Spring* (1962) der Biologin Rachel Carson an, das über die schädigende Wirkung des Insektizids DDT auf u. a. nordamerikanische Vogelpopulationen aufklärt.

2 Stephanie LeMenager: Spills. In: Imre Szeman / Jennifer Wenzel / Patricia Yaeger (Hrsg.): *Fueling Culture: 101 Words for Energy and Environment*. New York: Fordham UP 2017, S. 321–324, hier S. 324.

3 ‚Umweltfilm' bezieht sich im Rahmen des vorliegenden Aufsatzes auf den umweltthematischen Dokumentarfilm und folgt der weit gefassten generischen Bestimmung des *Ecocinema* von Paula Willoquet-Maricondi. Danach hat der Umweltfilm „consciousness-raising and activist intentions, as well as responsibility to heighten awareness about contemporary issues and practices affecting planetary health. Ecocinema overtly strives to inspire personal and political action on the part of viewers, stimulating our thinking so as to bring about concrete changes in the choices we make, daily and in the long run, as individuals and as societies, locally and globally." (Paula Willoquet-Maricondi: Shifting Paradigms: From Environmentalist Films to Ecocinema. In: Dies. (Hrsg.): *Framing the World. Explorations in Ecocriticism and Film*. Charlottesville / London: University of Virginia Press 2010, S. 43–61, hier S. 45.)

Plastik(-müll) ist petrochemisch und hat seinen Ursprung in Erdöl, das seit den 1950er Jahren den wichtigsten Rohstoff der Kunststoffindustrie darstellt, die der Urmasse durch Polymerchemie eine Reihe synthetischer Werkstoffe entzieht. Umso irritierender ist, dass das umweltdokumentarische (Bewegt-)Bild Erdöl- und Plastikmüllverschmutzungen separat thematisiert, obgleich die beiden *spill*-Ereignisse nicht nur quasi-ontologisch über das fossile Substrat und phänomenologisch über analoge raumzeitliche und interkorporale Folgeerscheinungen verbunden sind; auch kulturpoetisch einen sie vergleichbare transmediale Narrative und (Bild-)Rhetoriken in der Auseinandersetzung mit dem ‚ökologischen Trauma',[4] die ein fast identisches hybrides Figurenarsenal umschließen:

> Spill stories swarm with agents, human and nonhuman, organic and machinic. They involve corporations, workers, remediating actors like the Coast Guard and chemical surfactants and polyurethane booms, human and nonhuman victims, activists, and the competing scales of a local site of injury and the vast global infrastructures of energy derived from fossil fuel.[5]

Gerade am Körper jener *nonhuman agents*,[6] die das Narrativ der schmutzigen Streuung in eine Kranken- und Auslöschungsgeschichte ummünzen, lässt sich ein geeinter petrochemischer *spill*-Begriff *zwischen* den diskursiv auseinandergehaltenen Risiko-Substanzen (wieder-)herstellen.[7] Wenn die Literaturwissenschaftlerin und Umweltschützerin Stephanie LeMenager konstatiert, „spill stories lack

4 Zum Begriff siehe Anil Narine (Hrsg.): *Eco-Trauma Cinema*. New York: Routledge 2014.

5 Stephanie LeMenager: *Living Oil. Petroleum Culture in the American Century*. New York: Oxford UP 2014, S. 23.

6 Für diesen Fall die filmtierlich-diegetischen Protagonist*innen des dokumentarischen Umweltfilms.

7 Die partielle Verwendung der englischen *spill*-Terminologie erscheint mir attraktiv, da a) bereits über den einheitlichen Begriff syn- und diachron unterschiedliche *spills* epistemisch miteinander vernetzt werden (Yellowstone River oil spill, Rena oil spill, Bohai Bay oil spill etc.); b) über die literale Bedeutung von *to spill* ein liquides Bild-, Bedeutungs- und Bewegungsspektrum des Fließens, Strömens und Sickerns aktiviert wird, das für die Besprechung permeabler Materien und mariner Natur- und Kulturräume interessante Zeichenkontaminationen in Gang setzt; c) in der anglophonen Umweltberichterstattung mittlerweile nicht nur großflächige Gift- und Öl-Austritte als *spill* bezeichnet werden, sondern auch – und dies ist im Rahmen dieses Aufsatzes von Bedeutung – Plastikverschmutzungen (*plastic spill*, *pellet spill*). Der geteilte Signifikant codiert gewissermaßen nicht nur die petrochemische Herkunft und Rohstoffgeschichte von Plastik, sondern erlaubt auch, das eine *spill*-Ereignis als semiotische und materielle Fortschreibung des anderen zu lesen.

continuity"[8], ist mein Ziel, über semiotisch-phänomenologische Lektüren des neueren Umweltfilms – Irene Brodskys *Saving Pelican 895* (US 2011) und Craig Leesons *A Plastic Ocean* (US 2016) – die Volatilität von *spill*-Katastrophen an den Körper des kranken, verölten oder plastikdurchsetzten Seevogels zu binden, um an diesem nicht nur die raumzeitliche, sondern vor allem auch materielle Kontinuität von Petroleumprodukten und -pathologien als differenzüberschreitende petrochemische Gewalt[9] zu untersuchen.

Verölung (ver-)filmen: *Saving Pelican 895*

Irene Brodskys Dokumentarfilm *Saving Pelican 895*,[10] der Fang, Behandlung und Auswilderung eines verölten Braunpelikans mit der Kennzeichnung LA 895 porträtiert,[11] entstand ein Jahr nach der Explosion der BP-Ölbohrplattform Deepwater Horizon im Golf von Mexiko 2010, in deren Folge schätzungsweise 500.000 Liter Rohöl aus einem Bohrloch im Macondo-Ölfeld vor Louisiana sprudelten. Da die Golfküste sensible Ökosysteme mit mehreren Wild- und Tierschutzreservaten umschließt, gilt der Fall als Umwelt- und Biodiversitätskrise par excellence. Neben lokalen Fisch- und Austernbeständen, Reptilien und Meeressäugern erwiesen sich Seevogelspezies wie der Braunpelikan als besonders gefährdet: 12 % der in Louisiana ansässigen Population fielen Deepwater Horizon zum Opfer. Die aviane Pathologie der Verölung umfasst neben stressverursachten Verhaltensanomalien eine Reihe physiologischer Schädigungen – aufgehobene Schutzfunktionen des Gefieders, multiple Vergiftungswirkungen durch Abschlucken des Öls –, die nach längerem Siechtum zum Tod des Vogels führen.[12]

8 LeMenager: *Living Oil*, S. 56.

9 Zum Begriff siehe Michael Watts: Petro-Violence. Community, Extraction and Political Ecology of a Mythic Commodity. In: Ders. / Nancy Lee Peluso (Hrsg): *Violent Environments*. Ithaca, NY: Cornell UP 2001, S. 189–212.

10 Im Folgenden kurz *Saving Pelican*.

11 Bei der im Film begleiteten Rettungsstation handelt es sich um das Fort Jackson Oiled Wildlife Rehabilitation Center in Buras, Louisiana. Die Tierärztin Erica Miller erläutert die psychohygienisch präventive Funktion der Praxis, die tierlichen Patient*innen mit Kennnummern zu handhaben, um eine emotionale Bindung zum Tier zu vermeiden, insbesondere im Fall eines Verlusts.

12 Reineking und Vauk beschreiben die „pathologischen Veränderungen, die eigentlich als Addition einer Serie nichtspezifischer Stresseffekte und physiologischer Schäden durch Öl aufzufassen sind" (Bettina Reineking / Gottfried Vauk: *Seevögel – Opfer*

„Will this pelican survive?" fragt schließlich dieser Film im Versuch, der ökologischen Katastrophe über das Einzeltier ein ‚Gesicht' zu verleihen und dabei Politik und Poetik der Synekdoche zu folgen. Der Pelikan LA 895 und sein Überleben als Einzeltier stehen für das Überleben der gesamten Population, wenn nicht der Spezies, und als Angehöriger eben dieser Spezies sogar für ein ganzes Ökosystem, wenn nicht für die anthropogen durchgearbeitete (Post-)Natur schlechthin, die als petrochemischer Industrie- und fossiler Energiekorridor die amerikanische Golfküste darstellt.[13] Dabei erfüllt *Saving Pelican* zweierlei Funktionen: Einerseits stellt er der hochgradig ritualisierten Bildformel des verschlickten Vogels eine beziehungsreiche Erzählung beiseite, die den gefährdeten Vogelleib in industrie- und umwelthistorische Zusammenhänge einbettet; andererseits ist der Film Produkt einer fulminanten binnengenerischen Externalisierung. Während das von Imre Szeman breit besprochene Genre der *Oil Documentary*[14] durch die *spill*-Dokumentation eine weitere Ausdifferenzierung erfährt, scheint es sich mit der mehrfachen Zugehörigkeit von *Saving Pelican* – die Doku ist auch ein Tierfilm – ein weiteres Mal aufzuspalten. Denn prominente Filmdokumentationen im Rahmen von Deepwater Horizon wie *Beyond Pollution* (US 2012; R: Barker White), *Dirty Energy* (US 2012, R: Bryan D. Hopkins) und *The Great Invisible* (US 2014, R: Margaret Brown) bringen erstaunlich wenig artenübergreifend intendierte Bildgebungs- und Erzählverfahren hervor, die eine Ölkatastrophe als

der Ölpest. Otterndorf: Niederelbe 1982, S. 73) als „Krankheitsprozess" (ebd., S. 67) und berichten vom Phänomen einer „‚Ansteckung' gesunder Vögel durch verölte Exemplare" (ebd., S. 68), etwa durch Kopulationssprung oder Hudern. Eine Bedrohung der Population ergibt sich vor allem durch Spätschäden, die aufgrund der Toxizität des Öls das Wachstum von Jungvögeln sowie Reproduktion und Bruterfolg adulter Tiere bei hoher Embryosterblichkeit beeinträchtigen. Da sich vermeintlich ölfreie Gewässer durch Wiederaufschlämmung aus dem Sediment erneut kontaminieren können, wäre es möglich, von einem ‚kranken' Ökosystem zu sprechen, das die Symptome einer krankmachenden, multispeziär angelegten *petro-violence* archiviert. Vgl. Kirke A. King / Stephen Macko / Patrick L. Parker / Emilie Payne: Resuspension of Oil: Probable Cause of Brown Pelican Fatality. In: *Bulletin of Environmental Contamination and Toxicology* 23,6 (1979), S. 800–805.

13 Zu Form und Funktion der Synekdoche im Biodiversitätsdiskurs vgl. Ursula K. Heise: *Imagining Extinction. The Cultural Meaning of Endangered Species*. Chicago / London: University of Chicago Press 2016, S. 22–24.

14 Vgl. Imre Szeman: Crude Aesthetics: The Politics of Oil Documentaries. In: Daniel Worden / Ross Barrett / Allan Stoekl (Hrsg.): *Oil Culture*. Minneapolis: University of Minnesota Press 2014, S. 350–365.

Ereignis ausweisen, das die petrochemische Verletzlichkeit von tierlichen und menschlichen Gemeinschaften gleichermaßen adressiert. Dass sich tierliche und menschliche Körper gleichermaßen, wenn auch in unterschiedlichem Ausmaß von Erdölverschmutzung betroffen zeigen, ja dass „human and animal health […] intimately connected“[15] sind, wie es die One-Health-Perspektive vorsieht, wird in jenen Filmen nicht thematisiert. Allerdings verweist auch *Saving Pelican* kaum auf die überlasteten Lebensbedingungen menschlicher Küstengemeinden und investiert beinahe überkompensatorisch in einen pathozentrischen Blick auf den verölten Vogelleib. Dennoch seien hier am Fallbeispiel wesentliche Visualisierungsstrategien tierlicher Verletzlichkeit in ihrem Verhältnis zur Erdölindustrie aufgezeigt.

Synekdoche / Sequenz

Die synekdochische Darstellungslogik von *Saving Pelican* lässt sich an dieser Stelle genauer bestimmen. Die Exposition verortet die *spill*-Katastrophe über eine historische Rückblende in einem epischen Extinktionsnarrativ[16]: Ab 1939, als der Mississippi Pestizide aus dem Inland in die Brutgebiete des Braunpelikans wusch, galt die Art als massiv bedroht und war zeitweise aus Louisiana verschwunden. Durch artenschützende Eingriffe konnte der Staat mit Tieren aus Florida wiederbevölkert und der Braunpelikan 2009 von der Roten Liste gefährdeter Arten genommen werden. Zwischen der Giftkatastrophe und der Ölkatastrophe wird ein Kontinuum etabliert, in dem sich das Moment anthropogener Gefährdung *wiederholt*. Und auch die Erfolgsgeschichte der menschlichen Rettungsaktion, die bereits die Titelmatrix stellt, *wiederholt* sich und greift durch lokalhistorische Rückbindung in eine *wiederholbare* ‚Wiedergutmachung' am Vogelkörper aus. Wenn Rehab Supervisor Mark Russell erläutert, „populations are made up of individuals. And if you start looking at individuals as not important than ultimately the population becomes unimportant“, wird Pelikan LA 895 als

15 Robert A. Cook / William B. Karesh / Steven A. Osofsky zit. n. David H. M. Cumming / Graeme S. Cumming: One Health. An Ecological and Conservation Perspective. In: Jakob Zinsstag / Esther Schelling / Marcel Tanner / David Waltner-Toews et al. (Hrsg.): *One Health: The Theory and Practice of Integrated Health Approaches*. Boston / Wallingford: CAB International 2015, S. 38–52, hier S. 39.

16 Vgl. Heise: *Imagining Extinction*, S. 48–49.

intergenerationeller „knot[] of embodied time"[17] lesbar, der in synchronen (Einzeltiere) und sequentiellen (Generationen) Fluchtpunkten das Fortbestehen der Art indexikalisiert: Die Spezies sind „vast evolutionary lineages stretched across millions of years, while not losing sight of the fleeting and fragile individual birds whose lives and labors both constitute and enable the continuity of this larger species."[18] Die reparative Säuberungsarbeit am verölten Tierkörper erfährt in diesem epischen Rahmen einen auratischen Sinn, weil die Zuschauer*innen über die Deutungsstrategie der Synekdoche wissen, dass die Reinigungsprozeduren Teil von etwas ‚Größerem', dem Erhalt einer Spezies und der Genesungsgeschichte eines Ökosystems sind. Die Re-Produktion menschlicher Intervention und die Reproduktion der Spezies gehen dabei ineinander über.

Soma / Seim

In einem tiermedizinischen Narrativ, das auf die schrittweise Diagnostik des Verölungsgrads abhebt, wird der Vogel durch körperintensive Bildmittel wie Groß- und Detailaufnahmen spürbar, die stark verölte Körperpartien von nicht näher bestimmten Pelikanindividuen einfangen, die im giftbraunen Schlamm zu versinken drohen oder panisch versuchen, den Schlick von den Schwingen zu schlagen. Der *lastende* Bildfokus auf das chthonische Moment einer tödlichen Erdanziehung durch Flugunfähigkeit weist den Zustand der Verölung als elementare Verkehrung aus, die den Eröffnungs- und Schlusssequenzen frei fliegender Vögel entgegengesetzt ist. Der Film vollführt am Tierkörper eine Bewegung aus der Luft über den Boden und zurück, wobei die Gravität des Vogelflugs die letale *gravitas* des *Erd*öls überwinden muss. Das szenografische Näheverhältnis wird bei Einführung von LA 895 und seinem neunzehntägigen Aufenthalt in der Rettungsstation beibehalten; verwackelte Großaufnahmen nähern sich dem mehrfach schutzlosen Leib, der nicht nur vom Filmbild, sondern auch vom Käfig(-gitter) kadriert wird. Hier wie auch beim späteren Säuberungsakt mischen sich die visuellen Qualitäten der Vogelanatomie wie auch des Erdöls. (Abb. 1) Das Filmbild schreitet das verklebte Gefieder als monochrome, glänzende Oberfläche ab und erzeugt für die

17 Deborah Bird Rose zit. n. Thom van Dooren: *Flight Ways. Life and Loss at the Edge of Extinction*. New York: Columbia UP 2016, S. 29.
18 Ebd., S. 22.

Abb. 1: Irene Taylor Brodsky: *Saving Pelican 895*, 2011.

Zuschauer*innen über das Bildempfinden eine geteilte Gefährdung. Dieses gespürte (Körper-)Wissen über Bild- und Artgrenzen hinweg fasst Ruth Salvaggio in den Begriff des „shared sensorium“[19], eine körpergestützte Intersubjektivität, die im besten Fall ein affektives und haptisches Gedächtnis aktiviert, das in der Rezeption filmische in vor-filmische Materialität[20] überträgt. Es entsteht eine Form somatischer Empathie, die Gertrud Koch als „somatische Affizierung“[21] bezeichnet, in der die Verölung vor der Kamera und unter den Händen der Tierpfleger*innen in „visuelle, sensomotorische und haptische Perzepte“[22] übersetzt wird.

Apparate / *anthropos*

In körperlicher Parallelführung werden flirrende Bohrinseln als gewaltige und gewaltsame Apparaturen im Bildhintergrund den Vogelkörpern im Bildvordergrund figürlich entgegengesetzt. (Abb. 2) Da die

19 Ruth Salvaggio: Imagining Angels on the Gulf. In: Worden / Barrett / Stoekl (Hrsg.): *Oil Culture*, S. 384–403, hier S. 391.

20 Für diesen Fall die ‚visuellen‘ und ‚haptischen‘ Erinnerungen an die außerfilmische Materialität von Vogelkörper und Erdöl.

21 Gertrud Koch: Von der Tierwerdung des Menschen – zur sensomotorischen Affizierung. In: Petra Löffler / Leander Scholz (Hrsg): *Das Gesicht ist eine starke Organisation*. Köln: DuMont 2004, S. 49–58, hier S. 51.

22 Ebd.

Abb. 2: Irene Taylor Brodsky: *Saving Pelican 895*, 2011.

Bohrinseln in distanzierenden Außenbildern und das Rehab Center über konsequente Innenaufnahmen präsentiert werden, gehen die beiden diegetischen Räume eine latente Spiegelungskomposition ein, in der sie sich durchkreuzen und semio-pragmatisch komplettieren: Das Rehab Center, zu dem es kaum Außenaufnahmen gibt, verdichtet sich zum Innenraum der Bohrinsel, die kein bildräumliches Inneres hat. Innerhalb dieser Entgegensetzung als Ineinssetzung wird die Lebensgefahr der riskanten Reinigungsprozedur als Verlängerung jener Gefahr verständlich, die von der Bohrinsel ausgeht. Beide Bildräume werden als Risikoräume und Stationen einer geschlossenen petrochemischen Apparatur deutlich – die invasive Rettungsaktion als räumlicher und körperlicher (Sinn-)Effekt des *spills* –, die in ihrem Gefahrenpotential für den Pelikan keinen Unterschied machen. Die dekonstruktive Einschachtelung der beiden dominanten Bildräume erzeugt einen ambivalenten Nexus zwischen dem Subjekt, das als engagierte*r Tierpfleger*in im Rahmen eines institutionalisierten human-animalischen Katastrophenmanagements seinen Dienst an der Erhaltung der Artenvielfalt (sowie am tierlichen Subjekt) leistet, und dem Subjekt, das durch fossile Energiedependenz von Tiefseebohrungen – und somit einem potentiellen *spill*-Risiko – profitiert. Im Zusammendenken der beiden Räume und Subjekte treffen wir auf den Topos der destruktiven Produktivität, die in seiner Abwehr als anthropologische Konstante codiert ist.

Plastiphagien: *A Plastic Ocean*

Die erschöpfende Periodizität von Öl-Katastrophen, die einander verlängern und wiederholen, nur um ihre resolute Konformität im ökologischen Imaginären abzuspulen, fasst LeMenager ins Gedankenbild einer aussichtslosen Iteration, in der Memorisierung in Vergessen übergeht:

> Every oil spill remembers every other, from the mid-twentieth century onward. These iterative events spill across history to happen again as if they are happening for the first time. The intimate miseries of oil spills, archived in poetry and narrative, in photography and film, cannot remain public for long.[23]

Hieran anknüpfend bietet es sich an, am Vogelkörper den materiell gewendeten Echoraum *zwischen* den toxischen Ereignissen der Erdöl- und Plastikverschmutzung abzulesen, um jene sich wechselseitig verkörpern zu lassen und die Transtemporalität und -lokalität petrochemischer Hinterlassenschaften nachdrücklicher zu bestimmen.
Craig Leesons abenteuerliche Umweltdokumentation *A Plastic Ocean* macht es sich, wie viele ihrer Vorgänger, zur Aufgabe, entlang einschlägiger Schauplätze, Ereignisse und Akteur*innen das Bild einer in Plastik gesponnenen Erde zu beschwören.[24] Zwei dieser Akteure sind die Sturmtaucher der australischen Lord-Howe-Insel und der Laysanalbatros, der die Hawaii angelagerten Midway-Inseln bevölkert. Beide Arten, denen ein ähnliches Brut- und Fütterungsverhalten gemein ist, sind von (Mikro-)Plastikmüll bedroht, der fälschlicherweise an den Nachwuchs verfüttert wird, weshalb der Extinktionstheoretiker Thom van Dooren kontemporäre Albatrospopulationen als *wasted generations* beschreibt: „As shells break and young birds die, the next generation of albatrosses fails to fledge, and the knots that should bind the past to the future life of the species come undone."[25] Vor dem Hintergrund anderer Verschmutzungsszenarien kann die gastrologische Plastikkontamination in *Plastic Ocean* unter einem extensiven petrochemischen *spill*-Begriff diskutiert werden.

23 LeMenager: *Living Oil*, S. 64–65.

24 Z.B. *Plastic Planet* (D 2009, R: Werner Boote) und *Plastic Paradise: The Great Pacific Garbage Patch* (US 2013, R: Angela Sun).

25 Thom van Dooren: *Flight Ways*, S. 32–33.

Abb. 3: Craig Leeson: *A Plastic Ocean*, 2016.

Abfall / Autopsie

A Plastic Ocean begleitet die Meeresbiologin Jennifer Lavers. Auf der Lord-Howe-Insel pumpt sie einem Sturmtaucherküken Salzwasser in den Magen, woraufhin das Tier eine inhomogene Brühe erbricht: Neben grobkantigen Plastikteilen finden sich auch Spuren von Petroleum. Über eine Kontrastmontage werden sonnige Strandaufnahmen präsentiert, vereinzelte Jungvögel tapsen unbeholfen durch den Sand und bleiben nach einer Weile regungslos liegen und sterben. Im Labor obduziert die Biologin die verendeten Tiere. Viszerale Nahaufnahmen zeigen einen mit Plastikteilen gefüllten Magen, der abgetastet, aufgeschnitten und ausgenommen wird. (Abb. 3) Die Dramaturgie der Nekropsie endet damit, dass Lavers die geborgenen Plastikstücke neben den Tieren aufreiht: „So, for the species, the record is 276 pieces of plastic inside of one 90-day-old chick." Hinsichtlich der revelatorischen Schauanordnung des Erbrechens und Obduzierens lässt sich das aviane Verhältnis von Erdöl und Plastik chiastisch deuten: Während Erdöl weitestgehend unsichtbar gemacht wird und sich erst nach einem industriellen Unglück am verölten Vogelkörper ‚veroberflächigt', verabgründet sich die omnipräsente Ober- und ‚Überallfläche' Plastik im Tiermagen, wird unsichtbar und lässt sich erst nach medizinischen

Enthüllungstechniken wieder ans Tageslicht befördern. Auf der Bühne des obduzierten Vogelkörpers inkarniert sich das Spektakel einer mehrdimensionalen, weiten wie tiefen „petroleum natureculture".[26]

Synekdoche / Spuk

Akira Mizuta Lippit attestiert dem toten Filmtier einen gespenstischen Zwischenstatus. Als Bewegtbild in den kinematographischen Apparat eingetreten, ist es stets mit dem eigenen, nie vollkommenen Verschwinden befasst und verkehrt über endlos flackernde Licht- und Bewegungsschleifen seine Materialität in untote Projektion.[27] Ohne animale Realität unweigerlich im menschgemachten Blickmedium diffundiert zu wissen, lässt sich für die besprochenen Filme der ‚ani-mediale' Spuk auf einer innerdiegetischen und innerartlichen Ebene orten. Kontrastmontagen in *Plastic Ocean* wechseln lebende und tote Tiere ab. *Saving Pelican* deutet den möglichen Verlust von Tieren nur an, was sich im ‚Verlust' eines Namens manifestiert. Synekdochisch sind dort die filmisch anwesenden Einzeltiere mit ihrer filmisch abwesenden Population verbunden. Während am Körper des einen Pelikans, dessen Überleben inszeniert ist, all jene Pelikane geknüpft sind, die *nicht* überlebt haben, ist an die toten Sturmtaucher und Albatrosse das drohende Verschwinden all der Tiere geknüpft, die *noch nicht* dem ‚Plastizid' zum Opfer gefallen sind. Die pathologischen Effekte der *spills* werden als Zustand des Halb-Verschwindens bestimmt und die Sichtbarkeit petrochemischer Risikosubstanzen mit der drohenden Unsichtbarkeit der Spezies bezahlt.

Transkorporal / petro-textuell

Sequenzen gegen Tiere gerichteter petrochemischer Gewalt sind argumentativ und narrativ zwischen jene Erzählpassagen gebettet, die auf die Folgen kunststofflicher Omnipräsenz für menschliche Körper abheben. Die Sturmtaucher-Episode wird vom Motivkomplex des durch Mikroplastik kontaminierten Nahrungsmittelkreislaufs eingeleitet, der über marine Ökosysteme den menschlichen an den tierlichen

26 LeMenager: *Living Oil*, S. 69.

27 Lippit macht dies über den Begriff der *spectrality*, hier vage durch ‚Spuk' übersetzt, deutlich. Vgl. Akira Mizuta Lippit: The Death of an Animal. In: *Film Quarterly* 56,1 (2002), S. 9–22.

Körper bindet. Das Extinktionsnarrativ um den Albatros mündet in das Moment einer Umwelt-Gift-Vernetzung, deren Sequentialisierung sich zwar anthropozentrisch deuten lässt – die Bioakkumulation findet ihren dramaturgischen Höhepunkt im menschlichen Körper –, doch zieht sich das materielle Geflecht motivisch durch den Film und steht dafür ein, wie Plastik unaufhaltsam Teil organischer Körper wird, „already part of who we are, as human diets ontologically entangle us with the plastic seas."[28] Stacy Alaimos Konzept der Transkorporalität, das menschliche und nicht-menschliche Körper als koextensiv mit der materiellen Umwelt und in wechselseitiger Durchdringung denkt, erfährt hierüber eine petrokritische Wendung. Die Beobachtung, dass *Plastic Ocean* im Gegensatz zu *Saving Pelican* transkorporale Brücken zwischen multispeziären Akteur*innen schlägt, legt die Vermutung nahe, dass sich unter eben jenen Bezugnahmen Kunststoff effektiver als Risikomaterie aufschlüsseln lässt, als dies mit der umtriebigen Schattensubstanz Erdöl der Fall ist, die die roh- und treibstoffliche Grundlage globaler Industriekultur bildet und deren pathologische Effekte für die menschliche Gesundheit zumindest innerhalb von *Saving Pelican* nicht angesprochen werden. Die „depths of being-in-relation"[29] mit dem der Erde entstammenden Stoffgemisch scheint für die hier besprochenen Filme bereits auf der verölten Körperoberfläche von LA 895 ihre maximale Tiefe erreicht zu haben.

Wenn sich bezüglich des *spill*-Ereignisses die Frage stellt, „what to do with a cracking, breaking, and leaking event, one that can neither be plotted effectively nor un-experienced?",[30] antworten jene avianen Figurationen mit einem extensiven *spill*-Begriff, der nicht nur Erdöl-, sondern chronische Gift- und Müllverschmutzungsszenarien im weiteren Sinne epistemisch an die frei flottierenden Spuren petrochemischer Substanzen bindet, die einander refigurieren und kontinuieren. Der Versuch, das *spill*-Narrativ im Aufeinanderlagern der filmischen

28 Stacy Alaimo: Oceanic Origins, Plastic Activism, and New Materialism at Sea. In: Serenella Iovino / Serpil Oppermann (Hrsg.): *Material Ecocriticism*. Bloomington: Indiana UP 2014, S. 186–203, hier S. 198.

29 Imre Szeman / Dominic Boyer: On the Energy Humanities. In: Dies. (Hrsg.): *Energy Humanities: An Anthology*. Baltimore: Johns Hopkins UP 2017, S. 1–13, hier S. 4.

30 LeMenager: *Living Oil*, S. 23.

Petro-Texte[31] in einer konvulsivischen Bewegung zwischen einer gegenständlichen Ausweitung und dem Zusammenschießen in der Synekdoche zu greifen, ist als lektürebezogene Kontingenzbewältigung zu interpretieren, die den von LeMenager ausgemachten Aporien im Erzählen von *spills* entgegentritt.

Die in den beiden Filmen vorgestellten Vogelspezies und -subjekte lassen sich durch ähnliche (Bild-)Rhetoriken von ‚Krankheit'[32] nicht nur im physiologischen, sondern auch im kulturpoetischen Sinne als krank verstehen. Dem liegt eine relationale Phänomenologie der pathologischen Spuren von Petroleum und seinen Produkten zugrunde, die sich im tierlichen (Film-)Körper erfüllen und aisthetisch zugänglich werden. In vergleichender Betrachtung erzeugen sie einen Resonanzraum, in dem sich nicht nur Petroleum und petrochemische Kunststoffe begegnen, sondern auch die hierin vernetzten Menschen, Pelikane und Sturmtaucher, deren dokumentarfilmisch aufbereitete ‚Petroleum-Pathologien' das Vermögen haben, Bezugnahmen zwischen Körpern und Materialitäten erfahrbar zu machen, die in den Petrokulturen chemisch fossiler Energieregime als gewaltsam erlebt werden.

31 Zum Begriff siehe Heather I. Sullivan: Material Ecocriticism and the Petro-Text. In: Ursula K. Heise / Jon Christensen / Michelle Niemann (Hrsg.): *The Routledge Companion to the Environmental Humanities*. London: Routledge 2017, S. 414–423.

32 In der Konfrontation mit einer sowohl anthropogenen als auch pathogenen Materie wird nicht nur ein Individuum, sondern eine Population und deren Ökosystem zum ‚Patienten'. Über einen auch filmisch invasiven Zugriff auf den Tierkörper werden krankmachende (Neo-)Materien an der beschädigten Vogelphysiologie spektakularisiert. Der weite Körperbegriff der Transkorporalität, der an die vergleichende Medizin des One-Health-Ansatzes erinnert, registriert den Rückfluss dieser Materien in auch menschliche Körper und ist notwendiger Bestandteil eines weiten *spill*-Begriffs.

Kranke Tiere schreiben Geschichte

Kranke Pferde als Kontaktzone zwischen der adeligen und nicht-adeligen Pferdehaltung und Pferdeheilkunde im England des 17. Jahrhunderts

Stefano Saracino

Die Haltung von Pferden (ob als Nutz- und Arbeitstiere oder als Interaktionspartner in der hohen Reitschule) führte in der Frühen Neuzeit zu Kooperationen zwischen Menschen und Tieren, aber auch zwischen Menschen und Menschen, die durch klare ständegesellschaftliche Hierarchien geregelt waren. Adelige und wohlhabende Pferdebesitzer einerseits und nicht-adelige Bedienstete (Stallknechte, Rossärzte, Schmiede) bildeten zusammen mit den Pferden ein Interaktionsensemble, dessen inhärente ständegesellschaftlichen Grenzen im Falle der Erkrankung von Pferden durchlässig wurden, so die These des vorliegenden Beitrags.[1] Aufgrund des materiellen Werts und der Relevanz von Pferden als Energielieferanten, Transportmittel und Quellen von ständegesellschaftlicher Distinktion stellte deren Erkrankung einen krisenhaften, zu beseitigenden Zustand dar.

Vor dem Hintergrund der noch zu schildernden Dichotomisierung der Haltung und Heilung von Pferden im England des 17. Jahrhundert fragt dieser Beitrag nach der Rolle, die kranke Pferde dabei spielten, um als Kontaktzone zwischen adeligen und nicht-adeligen Pferdekulturen zu wirken. Es soll zunächst der ständegesellschaftliche Kontext der frühneuzeitlichen Pferdeheilkunde thematisiert werden, um anschließend den Berufsstand der Pferdeheiler (den sogenannten *ferriers* oder *farriers*) sowie weiterer bei der Pferdekurierung involvierter Akteure darzustellen. Schließlich soll es um die historisch bedingte Konzeption der Krankheit von Equiden gehen und um die Interaktion von Menschen und Tieren bei deren Bekämpfung.

1 Die Bezeichnungen für Akteure, wie die Autoren von Texten über Pferde, Pferdebesitzer, Pferdeheiler und weitere Dienstleister für Equiden, begegnen in den hier untersuchten Quellen nur in männlicher Form, weshalb sie im Folgenden nicht gegendert werden. Freilich ist das auch der Wahrnehmung von der Haltung und Kurierung von Pferden als „Männerdomäne" geschuldet und mag die Teilnahme von Frauen an Interaktionen zwischen Menschen und Equiden verschleiern.

1. Der sozialhistorische Ort der Pferdeheilkunde: Adelige und nicht-adelige Pferdediskurse

Zieht man die Ratgeberliteratur rund um die Heilung kranker Pferde (oder auch anderer Tiere) heran, die von englischen Autoren im 17. Jahrhundert verfasst wurde, stellt sich schnell heraus, dass man es mit einem stark dichotomisierten Rezipientenkreis zu tun hat: Einerseits mit den Haltern von Nutztieren (mögen es solche der unteren oder oberen gesellschaftlichen Schichten sein), andererseits mit Pferden und Reitern, die in der exklusiven Kunst des Reitens und Züchtens von Pferden (der *manège* bzw. dem *horsemanship*) involviert waren.[2] So erscheint etwa 1648 von William Poole ein schmaler Ratgeber zur Kurierung von verschiedenen Nutztieren, wobei die Pferde als erste abgehandelt werden und den meisten Platz einnehmen, deren Besitzer aus ökonomisch bescheidenen Verhältnissen kommen („especially for the Poorer sort of people, who having but one Beast, the losse thereof to them is more then the losse of many to a Rich man").[3] Ähnlich versprach bereits 1607 Gervase Markham, ein Polygraph auf dem Gebiet der Ratgeberliteratur, in seiner *Cavelarice, or the English Horseman* die mit der Pferdehaltung verbundenen Geheimnisse für alle Gruppen offenzulegen, die mit Equiden interagieren.[4] Thomas De Grey hingegen, der dem englischen Hof

2 Die Medizin und Nutztierhaltung ist für Equine im frühneuzeitlichen England weniger erforscht als die Haltung von hochwertigen Pferden im Kontext des symbolisch aufgeladenen, den gesellschaftlichen Stand und das kulturelle Kapital von Adeligen oder Fürsten repräsentierenden *horsemanship*; siehe zum erstgenannten Forschungsfeld Peter Edwards: *Horse and Man in Early Modern England*. London: Bloomsbury 2007; Louise Hill Curth: *The Care of Brute Beasts. A Social and Cultural Study of Veterinary Medicine in Early Modern England*. Leiden / Boston: Brill 2010. Zum *horsemanship* siehe die Literaturangaben in Peter Edwards / Karl A. E. Enenkel / Elspeth Graham (Hrsg.): *The Horse as Cultural Icon. The Real and Symbolic Horse in the Early Modern World*. Leiden / Boston: Brill 2012; Stefano Saracino: Der Pferdediskurs im England des 17. Jahrhunderts. Die *horsemanship*-Traktate als geschichtswissenschaftlicher Untersuchungsgegenstand. In: *Historische Zeitschrift* 300 (2015), S. 341–373.

3 William Poole: *The Countrey Farrier. Teaching divers and sundry approved Medicines, to Cure all sorts of Cattell: As Horse, Kine, Sheepe, Hogs, and Dogs*. London: T. Forcet 1648, „To the Cureovs Reader", unpag., Sig. A3.

4 Gervase Markham: *Cavelarice, or the English Horseman*. London: Edward White 1607. Im Titel listet Markham verschiedene Berufsstände auf, an die sich der Traktat richtet: u.a. „Horse-breeder", „horse-ryder", „horse-farrier", „horse-keeper", „Coachman", „Smith", „Sadler". Vgl. Elspeth Graham: Reading, Writing, and Riding Horses in Early Modern England. James Shirley's *Hyde Park* (1632) and Gervase Markham's *Caverlarice* (1607). In: Erica Fudge (Hrsg.): *Renaissance Beasts:*

der Stuarts nahestehende Autor des knapp 600 Druckseiten füllenden Traktats *The Compleat Horseman and Expert Farrier*, richtet sich an ein fürstliches oder adeliges Publikum, möchte dieses jedoch dafür sensibilisieren, solide Kenntnisse aus dem Bereich der von Nicht-Adeligen praktizierten Pferdeheilkunde zu erwerben, sich also eigentlich standesungemäß zu verhalten. Dieses Werk wurde am Vorabend des Bürgerkriegs gedruckt, ist Charles I. gewidmet, dem als Folge dieses Konflikts abgesetzten und hingerichteten englischen König, und enthält eine Abbildung, die den Monarchen auf dem Pferderücken in der Reitfigur der *Levade* zeigt.[5] Ähnlich wie der wohl bekannteste und am besten erforschte Virtuose auf dem Gebiet des *horsemanship* im englischen 17. Jahrhundert, William Cavendish (1592–1676), seit 1665 Herzog von Newcastle, der wegen seines standesunüblichen Verhaltens, seine Traktate für eine potentiell unbegrenzte Leserschaft in den Druck zu geben, unter einem gewissen Rechtfertigungsdruck stand,[6] so rechtfertigt sich De Grey dafür, in seinem Werk den meisten Platz der Pferdeheilkunde zu widmen. Auf diesem Feld betätigten sich tiermedizinische Dienstleister, die *ferriers* bzw. *farriers*, von denen noch zu sprechen sein wird, die einem handwerklichen Milieu entstammten und nicht universitär ausgebildet waren. Dass sich adelige Pferdebesitzer unbedingt mit deren Wissensgegenständen auseinandersetzen sollten, die als für Adelspersonen unwürdig konnotiert waren, war den Zeitgenossen alles andere als evident. Deshalb, so argumentiert De Grey, sollte man ihn nicht so verstehen, als ob er Personen von Stand („Nobleman, Knight, or Gentleman") instruiere, eigenhändig an den Pferdekörpern Kuren zu applizieren („to Bloudy, Drench […], applie Cataplasmes, Emplaisters, Powders, Unguents, or the like to his Horse […] with their owne

Of Animals, Humans, and other Wonderful Creatures. Urbana / Chicago: University of Illinois Press 2004, S. 116–137.

5 Thomas De Grey: *The Compleat Horseman and Expert Farrier*. London: Thomas Harper 1639.

6 Cavendish veröffentlichte im Exil in Antwerpen seine *Méthode et invention nouvelle de dresser les chevaux* (Antwerpen: Jacques van Meurs 1658) und nach der Restauration in einer abgewandelten, günstigeren, auf ein breiteres Publikum zugeschnittenen englischen Version als *A New Method and Extraordinary Invention to Dress Horses and Work them according to Nature* (London: Thomas Milbourn 1667). Zu den Vorbehalten Cavendishs gegenüber dem Medium des Buchdrucks Peter Edwards / Elspeth Graham: Introduction. In: Dies. (Hrsg.): *Authority, Authorship and Aristocratic Identity in Seventeenth Century England: William Cavendish, 1st Duke of Newcastle, and His Political, Social and Cultural Connections*. Leiden / Boston: Brill 2017, S. 1–41.

hands"). Das von De Grey präsentierte Wissen soll vielmehr den Pferdehalter zur Kommunikation mit dem „ferrier" über die Krankheit und zur sachkundigen Beurteilung von dessen Diensten ermächtigen („yet sending for a Ferrier, he may discourse with him upon the Nature of the Disease, and thereby come to understand whether the Ferrier speaketh according to Art or not").[7]

Peter Edwards, der Nestor der pferdehistorischen Forschung in England, hat in seinen Arbeiten zum Ausdruck gebracht, dass es in England ständegesellschaftlich sehr unterschiedliche Wahrnehmungen von Pferden gab. Die Stände wurden zudem in der equinen Rangordnung abgebildet. Diese behielt den für die *manège* vorgesehenen Pferden, neben Jagd-, Renn- und Kriegspferden, elitäre Positionen vor, wohingegen einfache Nutzpferde, die im Transportwesen und in der Landwirtschaft verwendet wurden, die unteren Positionen einnahmen. Nicht zufällig erschien während des englischen Bürgerkriegs, in dem die Gegnerschaft zwischen dem hohen Adel und dem niederen Adel (der *gentry*) bzw. dem Bürgertum eine unter mehreren Konfliktlinien darstellte, eine Fabel in Dialogform, deren Protagonisten ein (elitäres) Kriegspferd und ein einfaches Arbeitstier sind, unter dem Titel *A Dialogue betwixt a horse of warre, and a mill-horse*.[8] In der Kommunikationssituation dieses Texts markiert die Zugehörigkeit zur Pferdeelite eine pro-royalistische Identität, wohingegen das einfache Nutztier die Position der Parlamentarier/Puritaner repräsentiert, mit denen der Autor zudem sympathisiert. Das Pferd und seine gesellschaftliche Kontextualisierung waren zur Chiffre für die Auseinandersetzung um die politische Ordnung des Landes geworden. Das Ereignis des Bürgerkriegs zeitigte aber auch Auswirkungen in der Nachfrage und Zucht von Pferden in England und ließ das Land vom Pferdeimporteur zum Pferdeexporteur mutieren (abgesehen davon, dass auf seinen Schlachtfeldern zahllose Pferde und auch exzellente *manège*-Pferde auf der Strecke blieben).[9] Die Divergenz zwischen der Grundeinstellung der Oberschicht zu Pferden, mit Edwards die „upper class perceptions of the horse", und der funktionaleren Einstellung der niederen Stände hatte auch Implikationen für die Kurierung von Pferden.

7 De Grey: *Compleat Horseman*, „To the Reader", unpag., Sig. c2v–c3r.

8 Anonym: A *Dialogue betwixt a horse of warre, and a mill-horse*. London: Bernard Alsop 1643. Dem „horse of warre" dürste nach dem Blut echter Protestanten („seek the blood of Protestants to spill"), ebd., Sig. A4v.

9 Edwards: *Horse and Man*, S. 8–9.

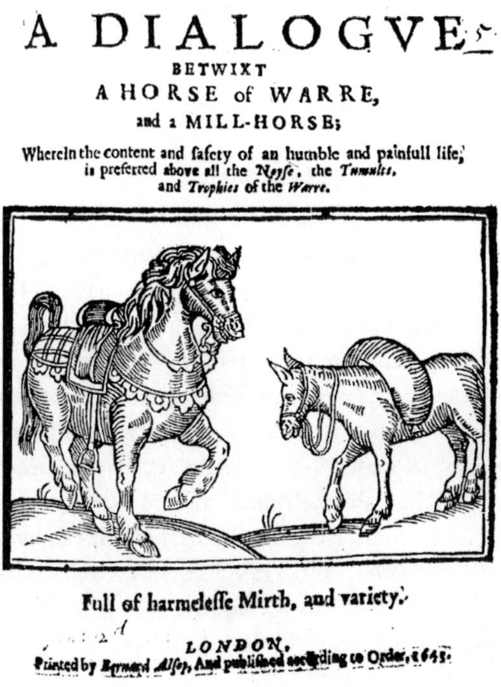
A DIALOGVE
BETWIXT
A HORSE of WARRE,
and a MILL-HORSE;
Wherein the content and safety of an humble and painfull life,
is preferred above all the Noyse, the Tumults,
and Trophies of the Warre.

Full of harmelesse Mirth, and variety.

LONDON,
Printed by Bernard Alsop, And published according to Order, 1643.

Abb. 1
Frontispiz des
anonym erschienenen
Dialogue betwixt a horse of warre, and a mill-horse,
London 1643.

2. Vormoderne Pferdemedizin: Der Berufsstand der *ferriers* und andere hippiatrische Akteure

Die Geschichte der vorveterinärmedizinischen Pferdeheilkunde in England ist bisher nur rudimentär erforscht. Die Nutztierkurierung im Mittelalter und der Frühen Neuzeit ist von den Historikerinnen und Historikern der Veterinärmedizin, aufgrund ihrer Fokussierung der Genese einer universitär institutionalisierten Tiermedizin, ohnehin als vormedizinisch abgetan, als „Laienkunde und Pfuscherei" kritisiert worden.[10] Andererseits ist auf den Tatsachenverhalt hingewiesen

10 Daniela Haarmann / Kerstin Weich: Geschichte der Tiermedizin. In: Roland Borgards (Hrsg.): *Tiere. Kulturwissenschaftliches Handbuch*. Stuttgart: Metzler 2016, S. 149–159, hier S. 152–153. Zur Vernachlässigung der Geschichte der Tiermedizin aus der Zeit vor der Gründung des Royal Veterinary College im Jahre 1791 siehe Curth: *Care of Brute Beasts*, S. 5, 142–143. Die Standards der Tiermedizin seien laut Pattison vor der akademischen Etablierung der Veterinärmedizin derart niedrig

worden, dass die Kuration von Pferden (aufgrund ihrer militärischen, symbolischen, wirtschaftlichen Bedeutung) bereits seit der Antike, und auch in der byzantinischen und arabischen Kultur, weiter entwickelt war als die Medizin für andere Tiere.[11] Die frühneuzeitlichen pferdemedizinischen Akteure in England, die *ferriers* (vom lateinischen „ferrarius" für Schmied oder Hufschmied), waren (zumindest in London) als im Jahre 1356 gegründete Gilde korporativ organisiert, wobei die Aufnahme zur Voraussetzung hatte, eine geregelte siebenjährige Ausbildung absolviert zu haben. Im Jahre 1674 zählte diese Londoner Gilde 40 Mitglieder. Allerdings ist ebenfalls belegt, dass in den ländlichen Gebieten selbsternannte, außerinstitutionelle Pferdeheiler als *ferriers* praktizierten.[12] In Konkurrenz zur monopolistisch organisierten Berufsgruppe der *ferriers* brachten sich nicht bloß nicht institutionalisierte Akteure (etwa die „leeches" oder „cattle-leeches", die neben Pferden auch andere Nutztiere behandelten und einfache Landwirte mit tiermedizinischem Spezialwissen waren), sondern auch die Autoren von Traktaten über die Pferdehaltung. In deren Textökonomie nimmt die equine Medizin einen zentralen Stellenwert ein, deren Autoren zudem häufig, aber nicht immer adeligen oder höfischen Kreisen nahestanden.[13]

Ihrerseits scheinen die *ferriers* das von solchen Autoren preisgegebene pferdemedizinische Wissen und die Verwendung des Buchdrucks hierfür aufs Schärfste abgelehnt zu haben (nicht zuletzt aufgrund befürchteter negativer Auswirkungen auf ihren Arbeitsmarkt). De Grey dokumentiert, dass sie auf die Traktate von Gervase Markham und

gewesen, dass „the most fortunate sick animals [...] were those left untreated" (Ian H. Pattison: *The British Veterinary Profession, 1791–1948*. London: Hyperion 1984, S. 2).

11 Johann Schäffer: *Die Rezeptesammlung im Corpus Hippiatricorum Graecorum*, Bd. I. Unveröffentlichte Dissertation, LMU München, 1981; Anne McCabe: *A Byzantine Encyclopedia of Horse Medicine: The Sources, Compilation, and Transmission of the Hippiatrica*. Oxford: Oxford UP 2007; vgl. Ulrich Raulff: *Das letzte Jahrhundert der Pferde: Geschichte einer Trennung*. München: Beck 2016, v. a. S. 211–212.

12 Leslie B. Prince: *The Farrier and His Craft: The History of the Worshipful Company of Farriers*. London: Allen 1980; vgl. Edwards: *Horse and Man*, S. 64; Curth: *Care of Brute Beasts*, S. 57–62. Zu den Mitgliederzahlen für das Jahr 1674: *Farrier Court Journals*, fol. 1. London: Guildhall Library, MS 5534.

13 Diesen gesellschaftlichen Hintergrund weisen etwa Thomas De Grey und Nicholas Morgan sowie nicht zuletzt William Cavendish auf, siehe Nicholas Morgan: *The Perfection of Horsemanship, drawne from Nature, Arte, and Practice*. London: J. Marriot 1609; ders.: *The horse-mans honour, or the beautie of horsemanship*. London: J. Marriott 1620.

Thomas Blundeville (dem englischen Übersetzer/Plagiator von Federico Grisones *Ordini di Cavalcare*) mit Polemik reagierten. Er appelliert deshalb an sie, diese Haltung zu überdenken, würde ihr Berufsstand doch hiervon profitieren, wohingegen anzunehmen sei, dass nur einer unter 1.000 ihrer (wohlhabenden) Kunden, nach der Lektüre seines Werks anfangen würde, bei der Kuration von Pferden selbst Hand anzulegen.[14] Der von De Grey angedeutete Konflikt Markhams scheint rechtliche Ausmaße angenommen zu haben. Es ist belegt, dass die Gilde der Buchdrucker (The Stationers' Company) diesen höchst produktiven Autor zu der Verpflichtung nötigte, in Zukunft kein tiermedizinisches Wissen mehr in seinen Traktaten feilzubieten.[15] Dass in der Pferdeliteratur zudem häufig über die mangelnden Fähigkeiten der *ferriers* geklagt wird, dürfte die Lage nicht verbessert haben; wobei De Greys Handreichung an die *ferriers* und *smiths* auf die Spur des hier thematisierten Aspekts führt: der Kooperation von adeligen und nichtadeligen Akteuren bei der Kurierung von Pferden.

3. Kurative Mensch-Tier-Interaktionen und Konzeptionen des kranken Tiers

Ungeachtet der ständegesellschaftlich polarisierten Grundkonstellation, die aus den beschriebenen *horsemanship*-Traktaten und pferdemedizinischen Ratgebern hervortritt, waren Mensch und Tier sowie Adelige und Nicht-Adelige bei der Bekämpfung von Krankheiten in Pferdeindividuen aufeinander angewiesen. Es ist ein (nicht bloß auf buchmarktstrategische Gründe zurückführbares) Charakteristikum dieser Textsorte, dass sie sowohl an adelige Pferdehalter als auch an nicht-adelige Dienstleister auf dem Gebiet der Pferdemedizin adressiert wurde. De Grey möchte seine Schrift als „front" verstanden wissen, im Sinne einer Grenz- und Kontaktzone, in der *horsemanship* und *ferriery*, kompetente Pferdekenner aus allen Ständen, Laien und Profis,

14 De Grey: *Compleat Horseman*, Sig. c3r.

15 „On 14 July 1617 Markham was forced to sign an unprecedented agreement with the Stationers' Company: 'I [...] do promise hereafter never to write any more book or books to be printed of the deseases or Cures of any Cattle, as Horse, Oxe, Cowe, Sheepe, Swine, Goates etc." (Frederick N. L. Poynter: *A Bibliography of Gervase Markham, 1568?–1637.* Oxford: Oxford Bibliographical Society Publications 1962, S. 23.)

Abb. 2: Aus *Markham's Maister-peece*, London 1717, S. 126. Die Abbildung lokalisiert insgesamt 60 Stellen, an denen dem Pferd beim Aderlass Blut entnommen werden kann.

interagieren.[16] Diese Kooperationsbereitschaft kommt bereits auf der Ebene der Textgestaltung zum Ausdruck, wechselt die Abhandlung doch im zweiten und längeren Teil, der sich mit der Pferdeheilkunde beschäftigt, zur Dialogform über, wobei als Dialogpartner ein medizinisch interessierter „Hippophilos" (ein Pferdeliebhaber), ein „Hippiatros" (ein Pferdeheiler), der eigentliche Protagonist des Dialogs, und ein „Hipposervus" (ein Pferdeknecht) als dessen Lehrling in Erscheinung treten. Aber auch Markham stellt in seiner *Cavelarice* den Vorsatz auf, dass seine Abhandlung in Sprache und Stil für den einfachen Schmied auf dem Lande verständlich und nützlich sein solle.[17]

Den (bei De Grey zum Buch gewordenen) Dialog mit den *ferriers* pflegen zu wollen, hat auch epistemische Gründe. Die Pferdemedizin ist und war eine empirische Wissenschaft, die auf der Erfahrung der

16 „It [das Buch] brings with it a front not altogether inglorious, of Horsemanship and Ferriery, the first not incompetent with the most illustrious title and Heroick Spirit, the second not unworthy the knowledge, yea the practice of the most acomplish'd Gentleman" (De Grey: *Compleat Horseman*, Sig. a1v).

17 „I will shunne all obscuritie, darknes and rydles, and in the plainest manner that may bee, write so as the simplest Smith in the Land may bee bettered by his reading" (Markham: *Cavelarice*, S. 2 = VII/1). Zur Landbevölkerung, den Land- und Viehwirten, als Adressat von Markhams Werk Edwards: *Horse and Man*, S. 44.

medizinischen Akteure und auf der Bewährung kurativer Verfahren gründet. Mindestens so problematisch wie die mangelnde Ausbildung und Kompetenz des Rossarztes ist es laut De Grey, wenn Pferdehalter bei der Heilung von kranken Pferden ohne eigene Anschauung allein ihrem spekulativen Buchwissen folgen („superficiall speculative knowledge, by reading the works of Master *Blundevile*, Master *Markham*").[18] Um den Abstand zur medizinischen Praxis und zur Lebensrealität der Pferde zu reduzieren, entwickelt De Grey ein originelles Schreibverfahren. Er kompiliert in seinem Traktat eine Sammlung von Rezepten und kurativen Methoden, wobei jene, die er eigens erprobt hatte oder besser erproben ließ (der zur *gentry* gehörende Autor De Grey ließ hierfür eigene Bedienstete arbeiten), mit einem Zeichen versieht, hingegen jene, deren Effizienz er nicht aus eigener Anschauung verbürgen kann und die aus zweiter Hand stammen, ohne Zeichen anführt.[19] Mögen die *horsemanship*-Traktate auch einem Topos gleich den Bildungs- und Kompetenzmangel der *ferriers* problematisieren, so dokumentieren sie gleichzeitig, dass diese nicht (wie bisweilen angenommen) völlig bildungsfern waren, sondern mit der Kulturtechnik des Lesens und Schreibens vertraut, ja sogar ihre Heilkunde (wie in der damaligen Humanmedizin) auf die Galen'sche Lehre der vier Elemente, vier Körpersäfte und vier Temperamente gründeten. Laut De Grey sei die Vertrautheit mit der medizinischen Physiologie Galens sogar das Merkmal, an dem sich der „expert ferrier" von einem bloßen „empyreticall horse leech" unterscheiden lasse.[20]

18 De Grey: *Compleat Horseman*, S. 26 = I/5; vgl. Peter Edwards: Image and Reality: Upper Class Perceptions of the Horse in Early Modern England. In: Ders. / Karl A. E. Enenkel / Elspeth Graham (Hrsg.): *The Horse as Cultural Icon. The Real and Symbolic Horse in the Early Modern World*. Leiden / Boston: Brill 2012, S. 279–306.

19 „And wheresoever you shall finde this * mark inserted in the end of any cure, I have set the same there, to let you know that receipt to be undoubted, and approved for good and certaine, being by my selfe often practiced and used. And those receits that have not the mark, are such Cures which I did procure from sundry able Ferriers, whereof I have had no trayll or experience at all, for want of time and means" (De Grey: *Compleat Horseman*, Sig. c2r). Vgl. De Greys Ausführungen zu Verfahren des Aderlasses bei Pferden, die er aus eigener Anschauung kenne, weil er sie von Bediensteten in seinem Beisein durchführen ließ, ebd., S. 38.

20 Vgl. Gervase Markham: *Markham's Maister-peece*. London: Nicholas Okes 1623, S. 29; De Grey: *Compleat Horseman*, S. 46–47; Michael Baret: *An Hipponomie Or The Vineyard of Horsemanship*. London: George Eld 1618, S. 2 = IV/1; Curth: *Care of Brute Beasts*, S. 58, 61.

Aus der Perspektive der kranken Pferde ist die Galen'sche Humoralpathologie, auf der die Kurierung der Equiden beruhte, ein Verbindungspunkt, der die Gleichbehandlung (oder zumindest analoge Behandlung) mit kranken Menschen gewährleistete.[21] Wo in der modernen Medizin ein (menschlicher oder tierlicher) Körper als krank gilt, wenn er von mikrobiologischen Organismen angegriffen wird, wobei sich mikrobiologische Infektionen bei allen Gattungsgenossen und nicht selten auch gattungsübergreifend auf ähnliche Weise äußern und gleich verlaufen, herrscht in der Frühen Neuzeit ein völlig anderes Verständnis von Krankheit vor, das durch Veränderungen und Ungleichgewichte in der Konstitution der vier Elemente (im Makrokosmos) und der vier Säfte (im Mikrokosmos des Körpers) begründet wird. Dem entsprachen Behandlungsmethoden, die nicht Krankheiten an sich bekämpften, sondern an individuelle humoralpathologische Zustände und Eigenschaften des Pferdeindividuums angepasst wurden. Die Behandlung von (heute wie damals) stark verbreiteten Pferdeerkrankungen wie dem Hautrotz (im frühneuzeitlichen Englisch „farcy" oder „glanders") oder der Weidemyopathie („staggers") variierte deshalb stark, je nachdem welche humorale Balance das kranke Pferd zuvor, im gesunden Zustand, aufgewiesen hatte (ob es sich um ein sanguines, cholerisches, phlegmatisches oder melancholisches Pferd handelte) bzw. akut aufwies.[22] Die therapeutischen Maßnahmen verfolgten dabei das Ziel, das überschüssige oder schlechte, weil krankheitsverursachende Element

21 Vgl. Karen Raber: *Animal Bodies, Renaissance Culture*. Philadelphia: University of Pennsylvania Press 2013, S. 7–9; Curth: *Care of Brute Beasts*, S. 17.

22 Der Hautrotz (lat. *malleus*) wird, wie man heute weiß, durch das Bakterium *Burkholderia mallei* ausgelöst und ist eine ansteckende Krankheit, bei der sich im Atemtrakt, in der Lunge und auf der Haut eitrige Geschwüre bilden. Die Geschwüre auf der Haut (etwa an den Beinen) und im Atemtrakt wurden in der Frühen Neuzeit bisweilen als unterschiedliche Krankheitsbilder aufgefasst; siehe zu den „glanders" Markham: *Maister-peece*, S. 85–93 = I/41, und zur „farcy" ebd., S. 439–450 = II/111; De Grey: *Compleat Horseman*, S. 40, 275 = II/1 und II/16. Die Weidemyopathie ist eine Muskelerkrankung, die bei Weidepferden auftritt und durch Pilze und Toxine ausgelöst wird, die im Weidegras saisonal und witterungsbedingt entstehen, wobei die Bezeichnung „staggers" (von engl. „staggering" für torkeln) ein Symptom beschreibt, das bei verschiedenen neuronalen und Gehirnerkrankungen auftreten kann (etwa auch beim Dummkoller oder Hydrocephalus); vgl. zu den „staggers" Markham: *Maister-peece*, S. 68–71 = I/33; Morgan: *Horsemans honour*, S. 246–247.

durch dessen Gegensatz zu bekämpfen (man versuchte, überhitzte Pferde abzukühlen) oder aus dem Körper auszuscheiden (durch verschiedene Varianten der *purgatio*, wie Schwitzen, Brechmittel, Abführmittel und Aderlass). In diesem Kontext war die Rolle der Pferde in kurativen Interaktionen eine durchaus aktive, konnten sie doch durch ihre Handlungs- und Verhaltensmuster das Bild mitprägen, das sich die Menschen von ihrer humoralen Eigenschaft, ihrem Charakter und Temperament machten. Aber auch eine andere medizinische Grundannahme verstärkte die Agency der kranken Tiere: die auch von Paracelsus beeinflusste Signaturenlehre, wonach im Reich der Natur und auch an den Körpern von Menschen und Tieren äußere Anzeichen über ihre innere Beschaffenheit Auskunft geben. Die Farbe oder Fleckung des Fells etwa wurde als Anhaltspunkt gedeutet, um das Temperament des Pferdes zu bestimmen; wobei vollbraunen und rotbraunen sowie schwarzen Farbtönen eine Neigung zum gattungsspezifischen sanguinen Wesen zugeschrieben wurde und solche Pigmentierungen deshalb auf eine hohe Qualität hinweisen konnten.[23]

***

Am Ende dieser Darstellung angelangt, lässt sich festhalten, dass die hier ausgewerteten Quellen (*horsemanship*-Traktate und pferdemedizinische Ratgeber) die Optimierung der Kommunikation und Kooperation innerhalb des Ensembles zum Ziel hatten, das im frühneuzeitlichen England kurative Praktiken an Pferden durchführte. Diese Textsorten hatten ihren Sitz im Leben in einer Zeit, in der die Tier- ebenso wie die Humanmedizin stark auf die Kompetenzen von nicht institutionell ausgebildeten Akteurinnen und Akteuren (häufig Mitgliedern des Hausstandes) angewiesen waren, sich selbst und andere zu kurieren.[24] Zudem handelt es sich um eine Textgattung, die

23 Die Deutung der Farben und Flecken des Fells war ein kontroverser Gegenstand und wurde von manchen Autoren (etwa William Cavendish) prinzipiell abgelehnt: „When once I hear a *Man* talk of *Marks* and *Elements*, I have done with him, and Know no other Philosophy but *Trying*; for there are Good and Bad of all *Colours*, and of all *Marks*" (Cavendish: *New Method*, S. 28). Vgl. Markham: *Maister-peece*, S. 13–14, 26–28 = I/4 und I/10; De Grey: *Compleat Horseman*, S. 58–59 = II/3; Morgan: *Perfection of Horsemanship*, S. 23–29.

24 Zur Bedeutung von weiblichen Akteuren („weisen Frauen") mit autodidaktisch angeeigneten oder mündlich von einer Generation an die nächste übertragenen medizinischen Kenntnissen Robert Jütte: *Krankheit und Gesundheit in der Frühen Neuzeit*. Stuttgart: Kohlhammer 2013, S. 104–117.

wertvolle Auskünfte über den Berufsstand der *ferriers* liefert, der kaum schriftliche Zeugnisse hinterlassen hat. Die hier behandelten Autoren und Texte versuchten mehrere Fliegen mit einer Klappe zu schlagen: die Professionalisierung der *ferriers* (im Bild aus De Greys Dialog dem *Hippiatros*), die stärkere praktische Rückbindung des hippologischen Wissens von adeligen und wohlhabenden Pferdebesitzern (dem *Hippophilus*) sowie weiterer, dem Hausstand angehörender Dienstleister (in freier Abwandlung von De Grey dem *Hipposervus*), schließlich die aktive Einbindung der Pferde (dem im Dialog ob seiner sprachlichen Mitteilungsunfähigkeit als Dialogpartner fehlenden *Hippos*). Als Kollateraleffekt wurden dabei die durch die Ständezugehörigkeit geregelten gesellschaftlichen, epistemischen und artspezifischen Grenzen durchlässig.

Suizidale Tiere

Thomas Macho

1.

In seiner präzis recherchierten und mehrfach ausgezeichneten Science-Fiction-Trilogie *The Three-Body Problem*[1] – sie handelt auf mehr als 1.500 Druckseiten von der Konfrontation mit einer außerirdischen Zivilisation – lässt der chinesische Autor Cixin Liu eine Organisation auftreten, die den Kontakt mit den Aliens sucht, um eine mögliche Auslöschung der Menschheit zu unterstützen. Diese Organisation, im Roman heißt sie ETO, Earth-Trisolaris-Organization, hält die eigene Spezies für böse und schädlich; darum will sie eine Art von „Gattungssuizid" beschleunigen. Die Haltung der ETO könnte als negativer Größenwahn charakterisiert werden; der Mensch gilt ihr nicht mehr als Krone, sondern vielmehr als Dornenkrone der Schöpfung. Jenseits metaphorischer Warnungen vor einem ‚Selbstmord' der Menschheit durch Atomkriege oder Klimawandel[2] gibt es solche Organisationen

1 Vgl. Cixin Liu: *Three-Body Trilog*, Bd. 1: The Three-Body Problem. New York: Macmillan 2014; Bd. 2: The Dark Forest. New York: Macmillan 2015; Bd. 3: Death's End. New York: Macmillan 2016; vgl. auch die deutsche Übersetzung: Cixin Liu: *Die Trisolaris-Trilogie*, Bd. 1: Die drei Sonnen. München: Heyne 2017; Bd. 2: Der dunkle Wald. München: Heyne 2018; Bd. 3: Jenseits der Zeit. München: Heyne 2019.

2 Der Klimaforscher Hans Joachim Schellnhuber hat kürzlich erst von einem „kollektiven Suizidversuch" der Menschheit gesprochen; sein letztes Buch trägt den Titel *Selbstverbrennung*. Vgl. Alex Rühle: Gegen die Wand. Klimaforscher Hans Joachim Schellnhuber über das Irrsinnstempo, mit dem die Menschheit gerade auf die Katastrophe zusteuert. In: *Süddeutsche Zeitung*, 15.05.2018, S. 11; Hans Joachim Schellnhuber: *Selbstverbrennung. Die fatale Dreiecksbeziehung zwischen Klima, Mensch und Kohlenstoff*. München: Bertelsmann 2015. Günther Anders hat dagegen dieser Metaphorik entschieden widersprochen; die Rede vom „Selbstmord der Menschheit" verschaffe „der Verantwortung eine ideal breite Basis, ein herrliches Alibi; niemanden stellt sie als aktuell schuldig, jeden als virtuell mitschuldig hin. Und das ist eben doch unberechtigt. Aktuell Schuldige gibt es eben doch." (Günther Anders: *Die Antiquiertheit des Menschen. Über die Seele im Zeitalter der zweiten industriellen Revolution*. München: Beck 1956, S. 255–256.)

tatsächlich, etwa das von Les U. Knight um 1991 gegründete Netzwerk The Voluntary Human Extinction Movement, Motto: „May we live long and die out".[3]
Negativer Größenwahn manifestiert sich auch in der Behauptung, der Mensch sei das einzige Tier, das sich selbst töten kann. Erinnern wir uns: So viele Kompetenzen wurden bereits als Alleinstellungsmerkmale der Menschengattung beansprucht! Der Mensch sei einzigartig, behauptete Aristoteles, weil er zur Staatenbildung, Sprache und Kommunikation fähig sei.[4] Er sei das kluge Tier, das arbeiten, sprechen, denken, lernen, spielen, weinen und lachen könne; er sei das Tier, das in die Zeit gefallen sei, das losgerissen vom „Pflock des Augenblicks" als sorgendes und rächendes, planendes und trauerndes Wesen aufzutreten vermöge, als Tier, das sich erinnern kann und das „versprechen darf".[5] Der Mensch sei das Tier, das eben wisse, dass es ein Tier ist,[6] und folglich die Sphäre des Animalischen überschreite. Inzwischen haben jedoch Ethologie, Kognitionswissenschaften und Animal Studies diese Palette von Einzigartigkeitsbehauptungen systematisch relativiert: Sie haben demonstriert, dass verschiedene Tierarten Werkzeuge konstruieren und gebrauchen, dass sie – auch ohne menschliche Anleitung – Lernprozesse absolvieren, dass sie symbolische Kommunikationstechniken anwenden und zur Selbsterkennung im Spiegel fähig sind, dass sie erinnern, planen, trauern, verzeihen, ja sogar lügen, täuschen und natürlich spielen; gleich auf der ersten Seite von *Homo ludens* betonte Johan Huizinga:

3 Vgl. http://vhemt.org/ (Zugriff am 29.07.2018).

4 Vgl. Aristoteles: *Politik*, aus d. Altgriech. u. hrsg. v. Olof Gigon. München: dtv 1973, S. 49; ders.: *Die Nikomachische Ethik*, aus d. Altgriech. u. hrsg. v. Olof Gigon. München: dtv 1972, S. 65.

5 Vgl. Friedrich Nietzsche: Unzeitgemässe Betrachtungen II: Vom Nutzen und Nachtheil der Historie für das Leben. In: Ders.: *Sämtliche Werke. Kritische Studienausgabe*, hrsg. v. Giorgio Colli / Mazzino Montinari, Bd. 1. München / Berlin / New York: dtv / de Gruyter 1980, S. 243–334, hier S. 248; ders.: Zur Genealogie der Moral. In: Ders.: *Sämtliche Werke. Kritische Studienausgabe*, Bd. 5. München / Berlin / New York: dtv / de Gruyter 1980, S. 245–412, hier S. 291.

6 Vgl. etwa Georg Wilhelm Friedrich Hegel: *Phänomenologie des Geistes. Werke*, Bd. 3, hrsg. v. Eva Moldenhauer / Karl Markus Michels. Frankfurt am Main: Suhrkamp 1970, S. 415.

> Ja, man kann ruhig sagen, daß die menschliche Gattung dem allgemeinen Begriff des Spiels kein wesentliches Kennzeichen hinzugefügt hat. Tiere spielen genau so wie Menschen. Alle Grundzüge des Spiels sind schon im Spiel der Tiere verwirklicht. Man braucht nur junge Hunde beim Spielen zu beobachten, um in ihrem munteren Balgen alle diese Züge zu erkennen.[7]

Zumindest in der Theorie wurden also die alten Grenzbefestigungen zwischen Menschen und Tieren mehr oder weniger erfolgreich abgebaut; und manchmal hat es fast den Anschein, als sei die Fähigkeit, sich selbst zu töten und zu zerstören, als letzte Kompetenz übriggeblieben, die als singulär menschlich behauptet werden darf.
Abgesehen vom negativen Größenwahn erscheint das humane „Suizidprivileg" als zweifelhafter Vorzug. Insofern darf nicht verwundern, dass dieses Privileg seit Jahrhunderten kritisch diskutiert wird. Schon Aristoteles berichtete in seiner Zoologie, ein König der Skythen habe eine besonders „edle Pferdestute" besessen,

> von welcher lauter gute Hengste fielen. Da er nun wünschte von dem besten dieser Hengste und der Mutter Nachkommenschaft zu haben, so ließ er ihn an dieselbe heranführen, um sie zu belegen. Der Hengst aber sträubte sich. Nachdem man sie aber verhüllt hatte, besprang er sie, ohne sie zu sehen. Als nun nach der Belegung die Decke von der Stute hinweggenommen wurde, eilte, wie man sagt, der Hengst bei dem Anblicke davon und stürzte sich von einem steilen Vorsprunge herab.[8]

Die Geschichte spiegelt das Gewicht des Inzesttabus – griechischer Tragödienstoff par excellence –, aber auch die antike Anerkennung des ehrenhaften Suizids. Diese Haltung wird sich im christlichen Zeitalter radikal ändern, selbst wenn gelegentlich darüber diskutiert wird, ob nicht Jesus selbst eine Art von Opfersuizid begangen hat.[9] Dazu passt die Geschichte vom Pelikan, die der frühchristliche *Physiologus*, ein naturkundlich-theologischer Traktat, erfolgreich verbreitete:

7 Johan Huizinga: *Homo ludens. Versuch einer Bestimmung des Spielelementes der Kultur.* Basel / Brüssel / Köln / Wien: Pantheon 1949, S. 1.

8 Aristoteles: *Thierkunde*, kritisch-berichtigter Text mit deutscher Übersetzung, sachlicher und sprachlicher Erklärung und vollständigem Index, Bd. 2, hrsg. v. Hermann Aubert / Friedrich Wimmer. Leipzig: Engelmann 1868, Buch IX, Kap. 47, S. 319; vgl. auch Anton Baranski: *Geschichte der Thierzucht und Thiermedizin im Alterthum.* Wien: Braumüller 1886, S. 172–173.

9 Vgl. Jack Miles: *Jesus: Der Selbstmord des Gottessohns.* München / Wien: Hanser 2001, S. 192–206; John Donne: *Biathanatos*, hrsg. v. Michael Rudick / M. Pabst Battin. New York / London: Garland 1982; Ulrich Horstmann (Hrsg.): *Mit Todesengelszungen. Freisprüche für Selbstmörder von Seneca bis Cioran nebst einem Plädoyer gegen die neue Zwangsjacke.* Würzburg: Königshausen & Neumann 2015, S. 41–44.

> Der Physiologus sagte vom Pelikan, er liebe seine Kinder über die Maßen. Hat er nämlich die Jungen ausgebrütet und sind sie ein wenig gewachsen, hacken sie ihren Eltern ins Gesicht; die Eltern aber hacken zurück auf die Jungen und töten sie. Später aber tut es den Eltern der Kinder leid, und sie betrauern die Jungen, die sie getötet haben, drei Tage lang. Am dritten Tag nun reißt sich ihre Mutter die Seiten auf, und ihr Blut, das auf die toten Körper der Jungen herabtropft, erweckt diese wieder zum Leben.[10]

Die Analogie liegt auf der Hand: Der Sündenfall (das Hacken der Kinder) und die Sintflut (das Zurückhacken Gottes: „Ich will den Menschen, den ich erschaffen habe, vom Erdboden vertilgen", Gen 6,7) werden durch das Blut des Gekreuzigten entschuldet; Christus ist der Pelikan schlechthin. Diese Assoziation des Pelikans mit dem Gottessohn hat die bildenden Künste – bis in die Moderne – zu zahlreichen Darstellungen inspiriert.

2.

Spätestens ab dem 19. Jahrhundert zitiert die Diskussion um den Suizid der Tiere nicht mehr allein mythische Referenzen wie die aristotelische Geschichte vom skythischen Hengst, die Pelikan-Legende im *Physiologus* oder den Bericht im zehnten Buch der *Naturalis historia* des Plinius, wonach ein Adler einem jungen Mädchen, das ihn aufgezogen habe, später Vögel und Wildbret gebracht habe und ihr nach dem Tod sogar auf den Scheiterhaufen gefolgt sei,[11] sondern auch konkrete Fallgeschichten. So vermerkt etwa Friedrich Benjamin Osiander, Professor der Medizin und Direktor des Entbindungshospitals von Göttingen, in seiner Aufzählung der Suizidarten, „daß selbst Thiere zuweilen aus Schmerz und Lebensüberdruß" Suizid begehen und sich manchmal sogar „aus Traurigkeit und Verzweiflung das Leben nehmen". Als Beleg zitiert er beispielsweise einen Bericht aus der Abhandlung zur Frage „Dürfen wir Thieren etwas mehr, als Instinkt, zuschreiben?", die 1808 im *Neuen Hannoverschen Magazin* erschienen war:[12]

10 *Physiologus. Griechisch/Deutsch*, aus d. Altgriech. v. Otto Schönberger. Stuttgart. Reclam 2005, S. 11.

11 Gaius Plinius Secundus: *Die Naturgeschichte*, Bd. 2, aus d. Lat. v. Georg Christian Wittstein. Leipzig: Gressner & Schramm 1881, Buch X, Kap. 6, S. 228.

12 Vgl. Dürfen wir Thieren etwas mehr, als Instinkt, zuschreiben? (Schluß.) In: *Neues Hannoversches Magazin* 18, 87. Stück vom Freitag, 28.10.1808, Sp. 1377–1390, hier Sp. 1386–1387.

> Ein Hund, der ein ins Wasser geworfenes Hündchen heulen hörte, kam herbei gelaufen, seinen Spielkameraden zu retten; er ergriff den an hohem Ufer schwimmenden beim Genicke und half ihm ans Land. Kurze Zeit darauf wurde eben dieser Erretter im Schlafe übergefahren, und so ausser Gebrauch seiner Hinterbeine gesetzt. Er wurde nach Hause gebracht und ihm einige lindernde Mittel gegeben. Allein er schien sehr viel zu leiden, und niemand wollte das arme Thier tödten. Endlich, wahrscheinlich im Uebermaß seiner Schmerzen, schlich er schreiend zu dem nahen Fluß, verschlang eine Menge Wassers, und tauchte sich zuletzt selbst ganz tief ein und ertrank.[13]

Im Kapitel zum Erhängen heißt es dann wenig später:

> Auch Thiere wählen bisweilen diese Selbsttödtungsart. Professor Schenk zu Jena erzählt, daß sein Affe sich selbst strangulirt habe, weil man ihm ein gewürzhaftes Brodt gegeben habe, das ihm ohne Zweifel ein unerträgliches Brennen verursachte.[14]

Skeptischer als Osiander, der nicht zu zweifeln scheint, dass Tiere Selbstmord begehen können, hat sich – 25 Jahre später – der Wundarzt Carl August Diez geäußert. In seiner Schrift über die Ursachen und Arten des Selbstmords kommentiert er kritisch verschiedene Beispiele, nicht ohne das Ergebnis gleich im ersten Satz vorwegzunehmen:

> Mit der Vernunft und der Freiheit kam auch der Selbstmord in die Schöpfung. Man hat zwar auch von einzelnen Thieren Handlungen beobachtet, die dem Selbstmorde ähnlich sind; bei genauerer Beleuchtung werden sich wohl alle theils auf eine andere Weise genügend erklären lassen, theils aus einer nicht ganz lautern Quelle entsprungen beweisen.[15]

So sei es höchst unwahrscheinlich, dass ein Skorpion, der seinen Giftstachel gegen sich selbst richte, dabei überhaupt zu Tode kommen könne; und gegen William Bingleys Mitteilung über Lamas, die sich, wenn sie misshandelt werden, „in der Wuth selbst umbringen, indem sie links und rechts mit dem Kopfe gegen die Erde stoßen"[16], wendet er ein, dass der Verfasser „bei der Wahl seines Stoffes nicht überall mit

13 Friedrich Benjamin Osiander: *Über den Selbstmord, seine Ursachen, Arten, medicinisch-gerichtliche Untersuchung und die Mittel gegen denselben. Eine Schrift sowohl für Policei- und Justiz-Beamte, als für gerichtliche Ärzte und Wundärzte, für Psychologen und Volkslehrer*. Hannover: Brüder Hahn 1813, S. 127.

14 Ebd., S. 128–129.

15 Carl August Diez: *Der Selbstmord, seine Ursachen und Arten vom Standpunkte der Psychologie und Erfahrung dargestellt*. Tübingen: Laupp 1838, S. 4.

16 William Bingley: *Biographien der Tiere, oder Anekdoten von den Fähigkeiten, der Lebensart, den Sitten und der Haushaltung der thierischen Schöpfung*, Bd. 2. Leipzig: Baumgärtner 1805, S. 228.

strenger Kritik zu Werke gegangen zu seyn scheint", so dass „seine, an sich unwahrscheinliche, Behauptung keinen großen Glauben verdient".[17] Auch Osianders Erzählung von einem Hund, der sich ertränkt habe, sei nicht verlässlich; denn offenkundig „war es hier der Durst, und das Verlangen, sich in der Kühle des Wassers Linderung der Hitze des Wundfiebers zu verschaffen, und nicht die Absicht sich zu tödten, was den Hund an und in den Fluss trieb."[18] Diez ergänzt dieses Beispiel durch einen Bericht aus der *Wiener Zeitschrift für Kunst, Literatur und Mode* (1830), in dem von einem „halb todtgequälten Pferde eines englischen Kohlenführers" erzählt wird, „welches, als es von seinem Herrn ausgespannt, und zum Weiden freigelassen wurde, langsam und ‚niedergeschlagen' auf den Fluss zugieng, sich hineinlegte und starb"; und Diez kommentiert knapp: „Wenn diese Geschichte nicht unter die Journalmährchen gehört, so würde ihr die gleiche Deutung wie der vorigen gegeben werden müssen."[19] Er resümiert: „Ueberall fehlt hier zum Selbstmorde ein unerlässliches Moment: die Gewissheit, dass durch jene Handlungen der Tod herbeigeführt werde, und die bewusste Absicht, ihn herbeizuführen."[20]

Die Sammlungen von Fallgeschichten erweitern sich rasch und werden immer wieder zitiert. 1845 erscheint etwa in *The Illustrated London News* folgende Nachricht; sie betrifft neuerlich einen Hund, der sich ertränkt habe:

> Singular case of suicide by a dog. On Saturday last, a fine, handsome, and valuable black dog, of the Newfoundland species, belonging to Mr. Floyd, solicitor, Holmfith, Yorkshire committed suicide by drowning itself in the river which flows at the back of the owner's habitation. For some days previous the animal seemed less animated than usual, but on this particular occasion he was noticed to throw himself into the water and endeavour to sink by preserving perfect stillness of the legs and feet. Being dragged out of the stream, the dog was tied up for a time, but had no sooner been released than he again hastened to the water and again tried to sink and was again got out. This occurred many times, until at length the animal with repeated efforts appeared to get exhausted, and by dint of keeping his head determinedly under water for a few minutes, succeeded at last in obtaining his object, for when taken out this time he was indeed dead.[21]

17 Diez: *Der Selbstmord*, S. 4–5.

18 Ebd., S. 5.

19 Ebd.

20 Ebd., S. 6.

21 Zit. n. Edmund Ramsden / Duncan Wilson: The Nature of Suicide: Science and the Self-destructive Animal. In: *Endeavour* 34,1 (2010), S. 21–24, hier S. 21.

Als Kriterium der suizidalen Intention wird hier die Wiederholung des Versuchs, sich zu ertränken, betrachtet; in einem anderen Fall – er wird in einer kalifornischen Zeitschrift vom 18. Februar 1884 berichtet – ist es die tägliche Beobachtung von Zügen, die einen Spürhund, der von Eifersucht, „unmistakable jealousy", auf einen jüngeren Rivalen geplagt wird, dazu bringt, vor einen Zug zu springen. Entdeckt worden sei zunächst, dass der Hund

> seemed to find a singular fascination in railroad trains, and each train that passed by would find him standing close by the track, where he would gaze with apparently great interest at the rolling wheels. One day last week he was seen standing in his usual position by the track. A train was approaching. As it was passing where the dog stood, he sprang suddenly on the rail between the front and rear wheels of a car and was instantly torn to pieces.[22]

3.

Am Rande seiner Überlegungen zum Tiersuizid zitiert Osiander eine Bemerkung Ernst Gottfried Baldingers, zum Suizid gehöre immer „mentis vis et constantia", denn keine Sau „habe sich noch selbst erschossen."[23] Der etwas alberne Einwand erinnert freilich daran, wie schwer es noch vor wenigen Jahrhunderten – also vor der Erfindung von Eisenbahnen und Automobilen, der Verbreitung von Schusswaffen oder Medikamenten, der Errichtung von hohen Brücken, Türmen oder Wolkenkratzern – gewesen sein mag, sich das Leben zu nehmen. Zumeist lief es auf Erhängen oder Ertränken hinaus, was auch die Statistik bezeugt, die Hans Rost für Bayern im Zeitraum von 1886 bis 1899 ermittelt hat: Demnach wählten 54,4 Prozent der Männer und 37,2 Prozent der Frauen den Strick, 13,8 Prozent der Männer und 45,8 Prozent der Frauen gingen ins Wasser, und 23,2 Prozent der Männer, doch lediglich 2,7 Prozent der Frauen erschossen sich; ähnliche Ergebnisse zeigt der Ländervergleich mit Preußen, Frankreich, Italien, England und der Schweiz.[24] Diese Relationen werden sich im 20. Jahrhundert verändern: Gifte und Stürze aus großer Höhe – in Rosts Statistik noch nahezu bedeutungslos – werden zunehmend relevanter. Und allmählich

22 *Daily Alta California* 36,12360, 18.02.1884, S. 6.

23 Osiander: *Über den Selbstmord*, S. 127–128.

24 Vgl. Hans Rost: *Der Selbstmord als sozialstatistische Erscheinung*. Köln: Bachem 1905, S. 78–79.

verschiebt sich auch die Aufmerksamkeit für mögliche Tiersuizide vom Ertränken auf Sprünge in die Tiefe. Ins Zentrum dieser buchstäblicher gewordenen Fallgeschichten treten allerdings nicht mehr Individuen – ein „singular case" –, sondern Kollektive. So berichtet etwa das Nachrichtenmagazin *Der Spiegel* am 16. August 1993 von einem rätselhaften Massensuizid chinesischer Ziesel in der Provinz Sinkiang; erwähnt werden gar „Augenzeugen", die „an den todessüchtigen Tieren einen traurigen Gesichtsausdruck bemerkt haben wollten"; im selben Artikel wird ein „Heer von schätzungsweise 250 Millionen Ratten" auf den Golanhöhen genannt, das sich „plötzlich in Bewegung gesetzt" habe. Angeblich habe die „sich rasch ausweitende Landwirtschaft" den Tieren „die Lebensgrundlagen geraubt; auf der Flucht stürzten sie millionenfach Steilhänge hinab". Zitiert werden als Erklärung die Mäuseexperimente des Verhaltensforschers James Calhoun:

> Sobald in einer bestimmten Region die Populationsdichte der Nager einen kritischen Wert erreicht, kommt es zur kollektiven Selbstvernichtung – offenbar ein Regulativ der Natur, das den Selbsterhaltungstrieb außer Kraft setzt.[25]

Diese Erklärung funktioniert allerdings nicht für den Fall von 28 Kühen, die am 25. August 2009 in der Schweizer Gemeinde Lauterbrunnen unterhalb einer Felswand tot aufgefunden wurden, oder für die 14 Kühe, die am 19. April 2014 im regionalen Naturpark des Haut-Jura in Lajoux (Frankreich) in einer Schlucht, hundert Meter unterhalb einer Weide, zu Tode gekommen waren; sie hatten sich offenbar in Panik hinabgestürzt. Was aber die Panik ausgelöst haben könnte – ein Gewitter, andere Tiere oder Menschen – blieb bisher ungeklärt, ebenso ungeklärt wie die Todesserie auf der schottischen Overtoun-Brücke in der Nähe von Glasgow: Von dieser Brücke sollen nicht nur Menschen gesprungen sein, sondern auch rund sechshundert Hunde. Inzwischen wurden Warnschilder aufgestellt mit dem Text „Dangerous bridge – keep your dog on a lead." Experten für Ethologie und Hundepsychologie haben die Umgebung der Brücke untersucht; sie vermuteten, dass der scharfe Geruch des Urins männlicher Nerze die Hunde so unwiderstehlich anziehe, dass sie – übrigens stets von derselben Seite der Brücke – hinunterspringen. Endgültig aufgeklärt wurde die Frage allerdings nicht, zumal örtliche Jäger behaupteten, in dieser Gegend

25 Großäugiger Teufel. In: *Der Spiegel*, 16.08.1993, S. 168; vgl. auch Anne Waak: *Der freie Tod. Eine kleine Geschichte des Suizids*. Berlin: Aufbau 2016, S. 190–191.

noch nie Nerze gesichtet zu haben. Zuletzt meldeten sich ‚Geisterjäger' zu Wort, welche die Brücke und das Anwesen, zu dem sie führt, als „verfluchte" Orte bezeichneten; dabei konnten sie sich auf einen Fall aus dem Jahr 1994 berufen, als ein geistesgestörter Vater seinen zwei Wochen alten Sohn von der Brücke warf und nur mühsam daran gehindert werden konnte, sich selbst ebenfalls hinunterzustürzen. Er gab an, plötzlich gespürt zu haben, dass sein Kind vom Teufel besessen sei. Und am 30. Juli 2015 kommentierte Florian Schmidt in der Welt, sogar die keltische Mythologie halte

> eine Antwort für die Hunde-Selbstmord-Brücke bereit. Als sogenannter ‚thin place', als dünner Ort, wird die Gegend um Overtoun traditionell beschrieben. Gemeint ist damit ein Platz, wo sich Diesseits und Jenseits besonders nahe sind – ein Phänomen, das Hunde womöglich eher spüren als Menschen, das sie anzieht und Todesgelüste aufkeimen lässt?[26]

Als ‚Pate' solcher und ähnlicher Reportagen darf der Mythos vom Massensuizid der Lemminge gelten, einer Familie der Wühlmäuse, die in den arktischen Tundren lebt. Dieser verbreitete Mythos hat sich vermutlich in Skandinavien entwickelt; richtig daran ist allenfalls, dass periodisch auftretende Populationsschwankungen zu Wanderungen führen, bei denen

> die ziellos dahineilenden Tiere über Felskanten ins Meer stürzen und ertrinken. Ein unwiderstehlicher Todestrieb hetze die Tiere jedoch nicht ins Verderben, meint der norwegische Verhaltensforscher Arne Semb-Johansson: „Wenn Abertausende von Lemmingen durcheinanderwimmeln, können sie den Felsrand überhaupt nicht sehen."[27]

Die Vorstellung von den Lemmingen, die sich kollektiv von den Klippen ins Meer stürzen, gehört ins Reich der Phantasie. Weltweit popularisiert wurde der Mythos durch die Disney-Dokumentation *White Wilderness* aus dem Jahr 1958, in der die ‚Massensuizide' der Lemminge eindrucksvoll gezeigt wurden. Doch hatten die Tierfilmer nachgeholfen, wie der Journalist Brian Vallee in seinem Beitrag für das kanadische Fernsehen von 1983 nachweisen konnte.

26 Florian Schmidt: Von dieser Brücke stürzen sich Hunde in den Tod. In: *Die Welt / N24*, 30.07.2015. https://www.welt.de/vermischtes/article144636898/Von-dieser-Bruecke-stuerzen-sich-Hunde-in-den-Tod.html (Zugriff am 31.07.2018).
27 Großäugiger Teufel, S. 168.

> [So] wurden die Szenen im kanadischen Bundesstaat Alberta gedreht, wo es gar keine Lemminge gibt. Die Filmemacher hatten die Tiere von Eskimokindern in Manitoba gekauft und dann zum Drehort geschafft. Um den Eindruck einer Massenwanderung zu erzeugen, wurden die Lemminge auf eine große, schneebedeckte Drehscheibe placiert, die dann in Rotation versetzt und aus allen möglichen Kamerawinkeln gefilmt wurde. Der Strom der Lemminge – nichts als eine „Schleife", bei der immer wieder dieselben Tiere zu sehen sind.
>
> Und dann kommt der böse Teil der Geschichte. „Die Lemminge erreichen den tödlichen Abgrund", raunt der Sprecher, „dies ist ihre letzte Chance zur Umkehr. Aber sie laufen weiter, stürzen sich in die Tiefe." Aus einer dank perfekter Tiefenschärfe phantastisch anmutenden Kameraperspektive sieht der Zuschauer die Nager in die gähnende Schlucht eines Flusstales fallen, angeblich getrieben vom Todesinstinkt. Die Wirklichkeit war nach Vallees Recherchen erheblich profaner: Die Disney-Leute halfen nach, schubsten und warfen die wenig lebensmüden Lemminge in den Abgrund.
>
> In der Schlusseinstellung sieht man die sterbenden Tiere im Wasser treiben. „Langsam schwinden die Kräfte, die Willenskraft läßt nach, und der Arktische Ozean ist übersät mit den kleinen toten Leibern." Von wegen Arktischer Ozean, von wegen nachlassende Willenskraft: Ein Massenmord an Tieren im Dienste der Illusionsfabrik Hollywood.[28]

Der Kreis schließt sich, sobald nach Motiven und Wurzeln dieser gewaltsam illustrierten Legende gefragt wird: Erinnerungen an die Massensuizide nach dem Ende des Zweiten Weltkriegs, sei es in Deutschland oder Japan, drängen sich geradezu auf.[29] Und auch die aktuellen Debatten um einen ‚kollektiven Suizid' der Menschengattung verwenden nach wie vor gern die Metapher vom ‚Todestrieb' der putzigen Nager: „Throughout the twentieth century, the lemming increasingly came to symbolise man's capacity for self-destruction. Its popularity increased with the destructiveness of the world wars"[30].

4.

Gewiss, die Liste der Fallgeschichten suizidaler Tiere lässt sich leicht erweitern, etwa um Berichte von Koboldmakis oder Bären, die ihren Kopf so heftig gegen Käfigstangen schmettern, dass sie sterben, von

28 Christoph Drösser: Tierquäler Disney. In: *Die Zeit*, 17.09.1997. http://www.zeit.de/stimmts/1997/1997_38_stimmts (Zugriff am 31.07.2018).

29 Vgl. Florian Huber: *Kind, versprich mir, dass du dich erschießt. Der Untergang der kleinen Leute 1945*. Berlin: Berlin Verlag 2015; Thomas Macho: *Das Leben nehmen. Suizid in der Moderne*. Berlin: Suhrkamp 2017, S. 163–199.

30 Edmund Ramsden / Duncan Wilson: The Suicidal Animal. Science and the Nature of Self-Destruction. In: *Past and Present* 224 (2014), S. 201–242, hier S. 222.

anscheinend freiwillig gestrandeten Walen oder von Delphinen, die sich unter den Wasserspiegel sinken lassen und solange den Atem anhalten, bis sie tot sind.[31] Auf diese Weise habe der berühmte Delphin Peter Suizid begangen, nachdem er von seiner Pflegerin und ‚Lebensgefährtin' Margaret Howe Lovatt – in Gregory Batesons und John Lillys *Dolphin House* auf der Karibikinsel Saint Thomas – getrennt und nach Florida verfrachtet worden war.[32] Vielfalt und Reichtum der Fallgeschichten spiegeln sich freilich nicht zwingend in den Schlussfolgerungen, die daraus gezogen werden. Obwohl Fritz Mauthner die Frage für dumm hält, ob der Selbstmord erlaubt sei, weil er eben zur Natur gehöre – „Man könnte mit gleichem Rechte fragen, ob eine Eiche erlaubt sei"[33] –, weshalb es auch nicht richtig sei, zu behaupten, dass Tiere keinen Selbstmord begehen können, denn der Selbstmord gehöre zu einer Klasse von Naturphänomenen wie Fortpflanzung oder Weingenuss, plädiert er doch am Ende seines Eintrags im *Wörterbuch der Philosophie* (1910) für den Begriff des Freitods, der jede Assoziation mit schuldhaften Handlungen vermeide: „Freitod erinnert mich, wie Freitreppe, Freistatt, an etwas, das ins Freie führt, das Freiheit gewährt."[34] Natur oder Freiheit? Eiche oder Fluchtweg? Die Frage ist zentral, denn mehr oder weniger ausdrücklich wird der Freitod stets mit menschlichen Entscheidungen in Verbindung gebracht. Bereits Émile Durkheim hatte darum – in seiner Untersuchung zu *Le Suicide* (1897) – die Möglichkeit des Tiersuizids, „les suicides d'animaux", von vornherein ausgeschlossen; denn der tierischen Intelligenz fehle schlicht „une représentation anticipée de leur mort".[35] Im selben Sinne argumentiert übrigens noch Anne Waak, fast 120 Jahre später:

31 Vgl. Barbara J. King: *How Animals Grieve.* Chicago / London: University of Chicago Press 2013, S. 97–105, 115–124; Jessica Mudditt: Experten erklären, ob auch Tiere Suizid begehen. Viele Tiere legen Verhaltensweisen an den Tag, die man als suizidal deuten könnte. In: *Vice*, 17.04.2018. https://www.vice.com/de_at/article/wj7bxy/experten-erklaren-ob-auch-tiere-suizid-begehen-trauer-tod (Zugriff am 01.08.2018).

32 Vgl. Marc von Lüpke: Der Delfin, der mich liebte. In: *Der Spiegel*, 19.06.2014. http://www.spiegel.de/einestages/sex-mit-einem-delfin-skandal-experiment-teilnehmerin-margaret-lovatt-a-975469.html (Zugriff am 01.08.2018); Waak: *Der freie Tod*, S. 188–189.

33 Fritz Mauthner: *Wörterbuch der Philosophie. Neue Beiträge zu einer Kritik der Sprache*, Bd. 2. München / Leipzig: Georg Müller 1910, S. 410.

34 Ebd., S. 411.

35 Émile Durkheim: *Le Suicide. Étude de Sociologie.* Paris: Alcan 1897, S. 6.

> Ganz offensichtlich sind Tiere zu selbstzerstörerischem Verhalten in der Lage. Suizid allerdings setzt das Bewusstsein der eigenen Existenz, von so etwas wie Zukunft und Tod voraus. Dazu sind allein Menschen in der Lage. Der Rest ist Mythos.[36]

Bei diesen Sätzen drängt sich rasch die Umkehrfrage auf, über welches Konzept von Zukunft und Tod denn die Menschen verfügen. 1915 konstatiert Sigmund Freud, der eigene Tod sei „unvorstellbar, und sooft wir den Versuch dazu machen, können wir bemerken, daß wir eigentlich als Zuschauer weiter dabeibleiben."[37] Anders gesagt: Auch den Menschen fehlt „une représentation anticipée de leur mort". Einige Jahre nach dem Ende des Ersten Weltkriegs entwickelte Freud schließlich das Theorem vom Todestrieb, das seither kontrovers diskutiert wird; die meisten Debatten kreisen erneut um die mögliche Relativierung der ehemaligen Leitdifferenz zwischen Natur und Kultur, wobei Natur nun häufiger mit psychischen Erkrankungen oder dem vielgestaltigen Spektrum autodestruktiver Aktionen identifiziert wird. „Es gibt Indizien dafür, dass Tiere ein breit gefächertes Gefühlsleben haben und so auch negative Dinge wie PTBS, Depressionen oder Trauer erfahren – alles häufig Vorboten für Suizid", behauptet David Peña-Guzmán von der San Francisco University.[38] Unter diesem erweiterten Gesichtspunkt erscheinen Animal Suicides viel plausibler, wie auch Edmund Ramsden (vom Centre for Medical History der University of Exeter) und Duncan Wilson (vom Centre for the History of Science, Technology and Medicine der University of Manchester) in mehreren Beiträgen zu zeigen versucht haben. Sie befürworten die Forschungen zu Animal Suicides, etwa um biochemische oder genetische Ursachen des nicht intendierten Suizids bei Tieren wie Menschen klassifizieren und eruieren zu können.[39] Der Suizidbegriff wird dabei so signifikant gedehnt, dass

36 Waak: *Der freie Tod*, S. 192.

37 Sigmund Freud: Zeitgemäßes über Krieg und Tod [1915]. In: Ders.: *Studienausgabe*, Bd. 9: Fragen der Gesellschaft / Ursprünge der Religion, hrsg. v. Alexander Mitscherlich / Angela Richards / James Strachey. Frankfurt am Main: Fischer 1974, S. 33–60, hier S. 49.

38 Zit. n. Mudditt: Experten erklären, ob auch Tiere Suizid begehen.

39 Vgl. Ramsden / Wilson: The Nature of Suicide, S. 24.

> self-destruction appears to be something that exists in even the simplest life forms. Single-celled marine algae engage in programmed cell death when exposed to stresses that they're fully capable of overcoming. Researchers recently discovered that the 'suicide' of some cells promoted growth in the survivors. Like infected mole rats or bees that abandon the colony to prevent an epidemic, algae die for the good of the community.[40]

Das klingt nach purem Darwinismus, wie ihn etwa der Psychologe Thomas Joiner von der Florida State University vertritt:

> It's incredible how actually pervasive it is in nature. Organisms of all sorts are known to self-destruct in one way or another, usually in order to protect their relatives – and so to save their genes. [...] If you take the statement: 'My death will be worth more than my life,' that plays out in all sorts of organisms, that calculation is the same, whether it's written in the genes or English.[41]

Die Einordnung des Suizids in eine weite Skala möglicher autodestruktiver Handlungen kann zwar die so oft reflektierte und kritisierte Grenze zwischen Tieren und Menschen, Natur und Kultur, aufheben, doch um den Preis der ubiquitären Wahrnehmung von Krankheit oder Selbstzerstörung als natürlicher Überlebensstrategie der „selfish genes" (im Sinne von Richard Dawkins[42]). Seltener werden dann Forschungen zu konkretem suizidalem Verhalten bestimmter Tierarten wie Delphine, Primaten, Vögel oder Elefanten angestellt, die der Frage nachgehen, ob Tiere, die sich im Spiegel erkennen und eine Art von „self-awareness" bezeugen, Tiere, die nicht nur spielen, sondern auch bestimmte Spielstrategien verfolgen, „which indicates an ability to imagine counterfactual worlds", diese Fähigkeiten auch in einem geplanten Suizid manifestieren können.[43] Eine ganz andere Richtung schlägt dagegen Claire Colebrook, eine australische Kulturwissenschaftlerin, die an der Pennsylvania State University lehrt, in ihrem Beitrag zu dem von Patricia MacCormack herausgegebenen

40 Brian Palmer: Hairy-Kiri. Do Animals Commit Suicide? In: *Slate*, 16.11.2011. http://www.slate.com/articles/news_and_politics/explainer/2011/11/beached_whales_in_new_zealand_do_animals_commit_suicide_.html (Zugriff am 03.08.2018).

41 Vgl. Larry O'Hanlon: Animal suicide sheds light on human behavior. In: *Discovery News*, 03.10.2010. http://www.nbcnews.com/id/35798594/ns/technology_and_science-science/t/animal-suicide-sheds-light-human-behavior/#.W4OdxMIyW70 (Zugriff am 27.08.2018); vgl. auch Thomas Joiner: *Myths about Suicide*. Cambridge / London: Harvard UP 2009.

42 Richard Dawkins: *The Selfish Gene*. Oxford: Oxford UP 1976.

43 Palmer: Hairy-Kiri.

Sammelband *The Animal Catalyst* (2014) ein. Unter Bezug auf Jacques Derrida und Gilles Deleuze spricht sie von der „counter-animality" des Menschen, der gerade im Versuch, als organischer, materieller Organismus zu überleben, eine Existenz jenseits aller Grenzen seiner eigenen Natur entwerfe. Der Mensch sei das „suicidal animal", fähig zur Überschreitung der Interessen und Grenzen seines organischen Selbst.[44] In gewisser Hinsicht entspringen die Suizide der Menschen, so Colebrook, gerade der Konfrontation mit der eigenen Animalität: „If it is possible for the human animal to undertake a war upon itself, which in its most extreme form would lead to self-annihilation, this is only because humanity is necessarily a form of war against animality."[45] Die Fähigkeit, das eigene Selbst als höher oder zumindest ganz anders als seine Animalität zu fassen, sei eine Art von Angriff gegen dieses Selbst, formuliert Colebrook mit Derrida, eben „a suicidal animal war",[46] und dieser Krieg gegen Tiere und Welt sei nur möglich, solange sich der Mensch als autonomes, immunes Selbst jenseits der Welt wahrnehme. Anders gesagt: Die letzte Grenzziehung zwischen Menschen und Tieren – in Gestalt der These, der Mensch sei das einzige Tier, das sich das Leben nehmen könne – erscheint Colebrook folgerichtig als rekursiver Effekt, gleichsam als das finale Ergebnis einer ganzen Serie von Kriegen und Abgrenzungen gegen Natur, Tiere und die eigene Animalität.

44 Claire Colebrook: Suicide for Animals. In: Patricia MacCormack (Hrsg.): *The Animal Catalyst. Towards Ahuman Theory*. London / New Delhi / New York / Sydney: Bloomsbury 2014, S. 133–144, hier S. 134.

45 Ebd., S. 134–135.

46 Ebd., S. 138.

Krank machen

Tierkrankheiten im Modell in der bakteriologischen Forschung, ca. 1880–1910[1]

Axel C. Hüntelmann

Bereits ein Jahr, nachdem das Königlich Preußische Institut für experimentelle Therapie (IET) im August 1899 feierlich eröffnet worden war, beantragte dessen Direktor Paul Ehrlich die Erweiterung der Stallgebäude. Es gebe zwar im Garten einen Stall für Kaninchen, Meerschweinchen, Ziegen und größere Tiere, und auch im Keller des Institutsgebäudes seien vier Räume „zu Ställen für inficirte Kaninchen und Meerschweinchen hergerichtet worden".[2] Allerdings seien die Räumlichkeiten „zur Unterbringung größerer Thiere und Vorraths-Kaninchen und Meerschweinchen äußerst knapp" bemessen, und da mit Ausdehnung der staatlichen Prüfung „die Thierbestände unbedingt eine Vergrößerung erfahren müss[t]en", sei zu befürchten, dass „die Tiere infolge enger Stallungen massenhaft an Stallseuchen zu Grunde gehen" könnten.[3]

Der Ausbruch von Tierkrankheiten wurde von Paul Ehrlich als Problem dargestellt, doch zugleich war die Erkrankung von Tieren durchaus gewollt, denn gerade deshalb wurden „Vorraths-Kaninchen" und Meerschweinchen gehalten. Allerdings sollten nur bestimmte Erkrankungen auftreten und der Krankheitsverlauf sollte kontrollierbar sein. Tiere krank zu machen, war integraler Bestandteil bakteriologischer Forschung, denn nur so konnte man Infektionskrankheiten, ihre Ursachen, ihren Verlauf oder ihre Bekämpfung überhaupt erforschen. Wie gestalteten sich die Beziehungen zwischen den Menschen und Tieren in bakteriologischen Forschungseinrichtungen in dem

1 Für wertvolle Anregungen und Kommentare möchte ich mich bei den beiden anonymen Gutachter*innen und den Herausgeberinnen herzlich bedanken.

2 Direktor des IET an das preußische Kultusministerium, 24.07.1900. Geheimes Staatsarchiv Preußischer Kulturbesitz Berlin, 1. HA, Rep. 76 Vc, Sekt 1, Tit. XI, Teil II, Nr. 23.

3 Ebd.

Spannungsfeld zwischen kontrolliertem Versuch und drohenden Stallseuchen, zwischen Tiere krank und Menschen gesund machen?

Studien zur Geschichte von Labor- und Versuchstieren sind rar und überwiegend im wissenschaftshistorischen Kontext entstanden.[4] Wie bei allen Arbeiten zur Tiergeschichte besteht die Herausforderung einer Beziehungsgeschichte zwischen Menschen und Versuchstieren (im Labor) darin, Tiere ‚zum Sprechen zu bringen' und ihre Agency aus den von Menschen erzeugten und überlieferten Quellen aufzuzeigen. Zwar sind Versuchstiere in bakteriologischen Publikationen omnipräsent, doch oft nur als Markierung in einem Diagramm, als Nummer oder Eintrag in einer Tabelle, um das Ergebnis eines Experiments darzustellen. Der Fokus der Wissenschaftler*innen in den bakteriologischen Forschungseinrichtungen liegt auf dem Experiment bzw. auf den Mikroorganismen, die z. B. über die Reaktion des Versuchstiers sichtbar werden.[5] Die Reaktion der Tiere wurde nur dann

4 Siehe z. B. Bonnie T. Clause: The Wistar Rat as a Right Choice. Establishing Mammalian Standards and the Ideal of a Standardized Mammal. In: *Journal of the History of Biology* 26 (1993), S. 329–349; Cheryl A. Logan: "[A]re Norway Rats … Things?" Diversity versus Generality in the Use of Albino Rats in Experiments on Development and Sexuality. In: *Journal of the History of Biology* 34 (2001), S. 287–314; Karen Rader: *Making Mice. Standardizing Animals for American Biomedical Research, 1900–1955*. Princeton: Princeton UP 2004; Robert G. W. Kirk: "Wanted-Standard Guinea Pigs". Standardization and the Experimental Animal Market in Britain, ca. 1919–1947. In: *Studies in History and Philosophy of Biological and Biomedical Sciences* 39 (2007), S. 280–291; zum Axolotl Christian Reiss: *Die Geschichte des mexikanischen Axolotls als Labortier, 1864–1914: Verbreitungswege, Infrastrukturen, Forschungsschwerpunkte*. Unveröffentlichte Diss. rer. nat., Friedrich-Schiller-Universität Jena, 2014. Siehe auch die Beiträge zur Geschichte der Ernährung von Versuchstieren *Berichte zur Wissenschaftsgeschichte* 35,4 (2012). Weitere Literaturhinweise in Axel C. Hüntelmann: Geschichte des Tierversuchs. In: Roland Borgards (Hrsg.): *Tiere. Kulturwissenschaftliches Handbuch*. Stuttgart: Metzler 2016, S. 160–173.

5 Zugänge zur Tier-Mensch-Beziehung diskutieren Pascal Eitler / Maren Möhring: Eine Tiergeschichte der Moderne. Theoretische Perspektiven. In: *Traverse. Zeitschrift für Geschichte*, 03/2008, S. 91–106. Als Zugänge einer gleichberechtigten Beziehungsgeschichte werden dort die Arbeiten von Donna Haraway: *When Species Meet*. Minneapolis: University of Minnesota Press 2008, und Bruno Latour: *Reassembling the Social. An Introduction to Actor-Network-Theory*. Oxford: Oxford UP 2005, genannt. Der vorliegende Beitrag konzentriert sich vor allem auf die Beziehungen zwischen Tieren und Wissenschaftler*innen in den Laboratorien bakteriologischer Forschungseinrichtungen. Eine erweiterte medizin- und wissenschaftshistorische Perspektive, die historisch-epistemologische Erkenntnisprozesse in den Blickpunkt nimmt, müsste über die Tier-Mensch-Beziehung hinaus auch noch Mikroorganismen, Instrumente, Apparate und andere hybride Objekte, die

detaillierter wahrgenommen (und ggf. überliefert), wenn die Versuche im Umfeld epistemologischer Ungewissheit stattfanden, sie den geplanten Versuchsablauf störten und anders als vom menschlichen Akteur erwartet reagierten.
Nachfolgend sollen drei Episoden beschrieben werden, in denen das Wissen wenig etabliert war und daher die Methoden und Versuchsanordnungen ausführlicher beschrieben werden mussten, damit die Ergebnisse überprüft werden konnten: Im Kaiserlichen Gesundheitsamt (KGA) wurde in den 1880er Jahren von Friedrich Löffler der Nachweis erbracht, dass ein bestimmter Mikroorganismus die Krankheitsursache für Diphtherie darstellt; um 1900 wurde im IET im Umfeld der sich etablierenden experimentellen Krebsforschung zur Übertragung von Geschwulsten gearbeitet; und 1910 fasste Sahachiro Hata im Georg-Speyer-Haus (GSH) seine Arbeiten zur Standardisierung von Rekurrenz (Rückfallfieber) zusammen. Um experimentell die Wirkung verschiedener chemischer Präparate auf einen Krankheitserreger bzw. auf eine Krankheit zu prüfen und vergleichen zu können, war es notwendig, Tiere nicht einfach nur krank zu machen, sondern Krankheit unter konstanten Laborbedingungen zu standardisieren. In der bakteriologischen, der experimentellen Krebs- und der Arzneimittelforschung spielten Versuchs- und Labortiere eine maßgebliche Rolle. Es wird diskutiert, wie und zu welchem Zweck Tiere krank gemacht wurden und welche Bedeutung dieser Prozess für die Beziehungen zwischen den Wissenschaftler*innen und den Versuchstieren hatte.

Tiere krank machen – Tiere als Indikator und Bakterienumwelt

Im ersten Jahrzehnt nach der Jahrhundertwende stellte die Bakteriologie unangefochten die Leitdisziplin in den Lebenswissenschaften dar. Einerseits war es Bakteriologen gelungen, mit dem Nachweis spezifischer Erreger die Ursache zahlreicher Infektionskrankheiten zu identifizieren, andererseits waren mit dem Diphtherieheilserum

ein multiples Beziehungsgefüge bilden, in dem sich der ontologische Status der beteiligten Akteure je nach Gefüge verändert, berücksichtigen. Haraways Tier-Mensch-Beziehungen und -Begegnungen sind allerdings auf die Gegenwart bezogen. Überdies ist sie nicht an epistemologischen Erkenntnisprozessen interessiert, so dass Latour sich m. E. besser eignet, um neben Wissenschaftler*innen und Versuchstieren auch Bakterien, Instrumente und das apparative Setting einzubeziehen.

erstmals ursächlich wirkende Arzneimittel entwickelt worden, die nicht nur die Symptome linderten, sondern die Ursache bekämpften bzw. neutralisierten.

Die Annahme der Bakteriologen, dass externe Mikroorganismen in einen Organismus eindringen, ihn besiedeln und so eine Krankheit in ihrer symptomatischen Manifestation verursachen, musste in einer bestimmten Abfolge von Schritten bewiesen und ein komplexes Beziehungsgefüge von Wissenschaftler*innen und technischen Hilfskräften, Erregern, Versuchstieren, Laborumwelt und apparativer Ausstattung abgestimmt werden.[6] Die später als Koch'sche Postulate bekannt gewordene Indizienkette begann mit der Identifizierung eines spezifischen Mikroorganismus, dessen Isolierung und Züchtung in Reinform und fand ihren Abschluss darin, dass ein mit dem gezüchteten Bakterium infizierter gesunder Organismus die gleichen Krankheitssymptome ausbilden musste.[7]

In diesem Beziehungsgefüge kam dem Versuchstier – unfreiwillig – eine zentrale Rolle zu, wie am Beispiel der im KGA ausgeführten Arbeiten zum Nachweis von Diphtheriebakterien gezeigt werden soll.[8] Der dortige Mitarbeiter Friedrich Löffler hatte aus zugesandten Gewebeproben von 29 Kindern, die, den klinischen Symptomen nach zu urteilen, an einer Diphtherieerkrankung verstorben waren, zwei verschiedene Typen von Mikroorganismen isoliert. Löffler prüfte

6 Aus erkenntnistheoretischer Sicht kann man mit Bruno Latour argumentieren, dass über das technische Setting und die Praktiken und Methoden der Isolierung, Züchtung von Reinkulturen, Re-Infektion, Konservierung und die mit der Sichtbarmachung einhergehenden Prozesse der Erreger in einem performativen Akt überhaupt erst konstruiert wurde, siehe Bruno Latour: *Science in Action. How to Follow Scientists and Engineers through Society.* Cambridge: Harvard UP 1987; Thomas Schlich: „Wichtiger als der Gegenstand selbst". Die Bedeutung des fotografischen Bildes in der Begründung der bakteriologischen Krankheitsauffassung durch Robert Koch. In: Ders./Martin Dinges (Hrsg.): *Neue Wege in der Seuchengeschichte.* Stuttgart: Steiner 1995, S. 143–174; zuletzt Katharina Kreuder-Sonnen: *Wie man Mikroben auf Reisen schickt. Zirkulierendes bakteriologisches Wissen, polnische Seuchenpolitik und biomedizinische Wissenschaften, 1885–1939.* Unveröffentlichte Dissertation, Justus-Liebig-Universität Gießen, 2016.

7 Die Methoden waren von Robert Koch in den 1870er und 1880er Jahren ausführlich beschrieben worden, um eine ‚objektive' Reproduktion seiner Versuche und Prüfung seiner Ergebnisse zu ermöglichen, vgl. Christoph Gradmann: *Krankheit im Labor. Robert Koch und die medizinische Bakteriologie.* Göttingen: Wallstein 2005.

8 Vgl. Friedrich Löffler: Untersuchungen über die Bedeutung der Mikroorganismen für die Entstehung der Diphterie beim Menschen, bei der Taube und beim Kalbe. In: *Mittheilungen aus dem KGA* 2 (1884), S. 421–499.

im Tierversuch, welche der beiden Arten die Symptome der Diphtherie auszulösen imstande war. In Reinkultur gezüchtete Kokken und Stäbchen wurden auf Meerschweinchen, Mäuse, Kaninchen, kleine Vögel, Tauben, Hühner, einen Hund sowie auf drei so genannte Java-Affen übertragen. Nachdem die mit Kokken infizierten Tiere keine Diphtheriesymptome ausbildeten, konzentrierte sich Löffler auf die Stäbchen. Doch hier stellte Löffler ebenso fest, dass einige Tierarten, z. B. Mäuse und Ratten, gegen den Erreger immun und für Versuche ungeeignet waren und somit keine Aussagen hinsichtlich der Übertragung getroffen werden konnten. Andere Tiere, namentlich Kaninchen, Hühner und Affen reagierten unregelmäßig auf den Erreger. Während z. B. ein Kaninchen einer Versuchsserie starb, zeigte ein zweites „keine Störungen seines Wohlbefindens",[9] und ein Java-Affe, dem man Bakterienkulturen auf die Zunge gebürstet, ins Auge und unter die Achselhöhle „geimpft" hatte, zeigte zwar Schwellungen und Infiltrat an der Einstichstelle, „hatte jedoch kein Fieber".[10] Nur bei Meerschweinchen und kleinen Vögeln erzielte Löffler eindeutige Ergebnisse, die Rückschlüsse über den Zusammenhang zwischen der Infektion und den auftretenden Krankheitssymptomen bzw. dem rasch einsetzenden Tod ermöglichten.

Die Experimente machen deutlich, dass man überhaupt erst eine Tierart finden musste, die für die zu untersuchende Krankheit empfänglich war und die die Krankheit im Modell repräsentieren konnte.[11] Die Auswahl der Tiere, so Erich Beintker in seinem Einführungswerk zu den Methoden des Tierversuchs in der Bakteriologie, hänge

9 Ebd., S. 463–477, Zitat S. 470.

10 Ebd., S. 477.

11 Zur Bedeutung des Tierversuchs bei Robert Koch vgl. Christoph Gradmann: Das Maß der Krankheit. Das pathologische Tierexperiment in der medizinischen Bakteriologie Robert Kochs. In: Cornelius Borck / Volker Hess / Henning Schmidgen (Hrsg.): *Maß und Eigensinn. Studien im Anschluss an Georges Canguilhem*. München: Fink 2005, S. 71–90. Zum Zusammenhang zwischen dem spezifischen Erreger und der Notwendigkeit, eine für die Krankheit empfängliche Spezies zu finden, vgl. Pauline M. H. Mazumdar: *Species and Specificity. An Interpretation of the History of Immunology*. Cambridge: Cambridge UP 1995. Zur Modellbildung vgl. Marcel Weber: Redesigning the Fruit Flight. The Molecularization of *Drosophila*. In: Angela N. H. Creager / Elizabeth Lunbeck / M. Norton Wise (Hrsg.): *Science Without Laws. Model Systems, Cases, Exemplary Narratives*. Durham: Duke UP 2007, S. 23–45; Rachel A. Anekny: Wormy Logic. Model Organisms as Case-Based Reasoning. In: Ebd., S. 46–58; E. Jane Albert Hubbard: Model Organisms as Powerful Tools for Biomedical Research. In: Ebd., S. 59–72.

davon ab, welches Krankheitsbild man hervorrufen wolle. Folglich werde man „natürlich stets versuchen, den als Erreger anzusprechenden Organismus oder das Krankheitsmaterial auf artgleiche oder doch stammverwandte Tiere zu übertragen."[12] Hinsichtlich der Aussagekraft räumte Löffler jedoch ein, dass die Übertragung der Krankheit im Labor nicht „der natürlichen Infection" entsprechen würde.[13] Dies wird besonders bei späteren Forschungen zu Syphilis deutlich. Anfangs war nur eine Übertragung auf Primaten möglich. Abseits ethischer Skrupel gestaltete sich die Forschung nicht nur aus Kostengründen schwierig, sondern auch, weil die für die Versuche vorgesehenen Orang-Utans die Überfahrt nach Europa nicht überlebten oder sich auf der Überfahrt schwere Krankheiten zuzogen, so dass Albert Neisser eine Forschungsstation auf einer indonesischen Insel gründete.[14] Erst nachdem es in aufwendigen Experimenten gelungen war, „Menschensyphilis" künstlich im Skrotum und im Augenwasser von Kaninchen zu züchten und mit diesem Hybrid ein geeigneter Modellorganismus gefunden war, wurde die Syphilis-Forschung auch in Europa intensiviert.[15] Vor allem Meerschweinchen sollten das Pech haben, dass sie für eine Reihe von menschlichen Erkrankungen anfällig waren und sie, zusammen mit anderen kleinen Säugetieren wie Mäusen und Ratten, den Frosch als „Märtyrer der Wissenschaft"[16] in den bakteriologischen Laboratorien ablösten.

Im Labor waren die Versuchstiere dem Menschen weitestgehend ausgeliefert. Gleichwohl konnten die Tiere eine Agency entfalten,[17] die

12 Vgl. Erich Beintker: *Die Methoden des Tierversuchs und der Serologie.* Stuttgart: Franckh'sche Verlagshandlung 1914, S. 10.

13 Ebd.

14 Siehe Albert Neisser: *Bericht über die unter finanzieller Beihilfe des Deutschen Reiches während der Jahre 1905–1909 in Batavia und Breslau ausgeführten Arbeiten zur Erforschung der Syphilis.* Berlin: Springer 1911.

15 Kaninchen erkrankten nicht natürlich an Syphilis, sondern es wurde erkranktes Gewebe unter die Haut des Kaninchenskrotums „eingebracht" bzw. verimpft, so dass sich an dieser Stelle ein typischer Syphilis-Schanker herausbildete, vgl. Sahachiro Hata: Experimentelle Grundlage der Chemotherapie der Spirillosen. In: Ders. / Paul Ehrlich (Hrsg.): *Die experimentelle Chemotherapie der Spirillosen (Syphilis, Rückfallfieber, Hühnerspirillose, Frambösie).* Berlin: Springer 1910, S. 1–85.

16 Vgl. Karl E. Rothschuh: Laudatio ranae exploratae. In: *Sudhoffs Archiv* 57 (1973), S. 231–244; Frederic L. Holmes: The Old Matyr of Science. The Frog in Experimental Physiology. In: *Journal of the History of Biology* 26 (1993), S. 311–328.

17 Zur tierlichen Agency vgl. Sven Wirth / Anett Laue / Markus Kurth / Katharina

allerdings weniger Handlungs- als vielmehr Wirkungsmacht darstellte. Zum einen konnten sie sich widerständig verhalten und versuchen, sich dem Zugriff der Wissenschaftler*innen durch Zappeln, Beißen oder Flucht zu entziehen. Als Reaktion auf dieses Verhalten wurden im Laufe der Zeit Tierarten ausgetauscht und beispielsweise zahmere weiße Mäuse statt grauer Hausmäuse verwendet oder es wurden Apparate zur Fixierung der Tiere entwickelt. Die Antizipation (und Unterbindung) widerständigen Verhaltens und implizites Wissen, wie Versuchstiere zu handhaben waren, beispielsweise wie man Mäuse mittels „Mäusezange" greift, Bakterienkulturen auf die Zunge bürstet, einimpft oder Mäusen durch Kupieren der Schwanzspitze Blut abnahm, zeichnete einen erfahrenen Experimentator aus.[18] Weiterhin konnten Versuchstiere eine große Wirkungsmacht entfalten, wenn sie z. B. nicht oder anders als erwartet erkrankten. Aus Sicht der Experimentatoren konnten sogenannte Kreuzinfektionen oder „Stallseuchen" ganze Versuchsserien ruinieren: „Vorsicht wegen der seuchen! [...] Die blutuntersuchung bei den behandelten – alle 8 tage durch mäuseversuche. Hauptsache vermeidung von infectionen!"[19] In gleicher Weise bat Paul Ehrlich seine Mitarbeiterin Frl. Wiesenthal, „auf die Mäuse auf[zu]passen und besonders, dass die Töpfe gut gereinigt sind, damit Infektionen vermieden werden und dass die Tiere immer gutes Futter haben. Notorisch kranke Tiere sind zu entfernen [...]."[20] Kenntnisse über besondere Krankheiten der Labortiere wurden daher zunehmend wichtiger.[21]

Dornenzweig / Leonie Bossart / Karsten Balgar (Hrsg.): *Das Handeln der Tiere. Tierliche Agency im Fokus der Human-Animal Studies*. Bielefeld: Transcript 2016.

18 Wobei dieses implizite Wissen im Laufe der Jahre explizit gemacht und veröffentlicht wurde, so dass man sich das aus der Tier-Mensch-Beziehung entstandene praktische Wissen auch über theoretische Lektüre aneignen konnte, siehe z. B. Beintker: *Methoden des Tierversuchs*; Hermann F. O. Haberland: *Die operative Technik des Tierexperiments*. Berlin: Springer 1926; Ernst Friedberger / Fritz Schiff: Die Methoden des Tierversuchs. In: Wilhelm Kolle / Rudolf Kraus / Paul Uhlenhuth (Hrsg.): *Handbuch der pathogenen Mikroorganismen*, Bd. 10. Jena: Gustav Fischer 1930, S. 187–294.

19 Arbeitszettel [Rechtschreibung wie im Original] von Paul Ehrlich an Carl Browning, 19.12.1906. Rockefeller Archive Center, Paul Ehrlich Collection (RAC PEC), Box 27.

20 Arbeitszettel von Paul Ehrlich an Frl. Wiesenthal, 16.6.1905. RAC PEC, Box 12.

21 Literatur über Erkrankungen der Labortiere stellte Wissen darüber bereit, welche Labortiere für welche Infektionskrankheiten empfänglich waren, und sie half, Krankheitssymptome dahingehend einzuordnen, ob sie im Rahmen eines Versuchs oder als Folge einer Spontanerkrankung auftraten, vgl. z. B. Carl Klieneberger / Carl Walter:

In den folgenden Jahren wurde die Anzahl der Tierversuche in bakteriologischen Forschungslaboratorien enorm ausgeweitet[22] und zur Ätiologie und den Verbreitungswegen von Infektionskrankheiten, zur Morphologie und Biologie der Erreger geforscht. Um den kausalen Nachweis zwischen Erreger und Krankheit zu erbringen, war es notwendig, dass das Tier erkrankte und die jeweilige Krankheit indizierte. Dies wird bei Löffler dahingehend deutlich, indem er die Symptome beschrieb: Nach Infektion eines Kaninchens war die Umgebung an der Einstichstelle gerötet oder geschwollen, es bildeten sich Exsudate oder Infiltrationen oder bei Infizierung der Augenkammer trübte sich die Cornea.[23] Erkrankungszeichen den ganzen Organismus betreffend waren meist Fieber, Apathie, Fressunlust und Gewichtsabnahme oder Wesensveränderungen: Ein Hund, dem an zahlreichen Stellen Kokken infiziert worden waren, „schien traurig".[24] Überdies war es notwendig, dass die Tiere typische Krankheitssymptome zeigten, im Fall der Diphtherie z. B. den grauweißlichen Belag und hämorrhagische Ödeme. Der (frühe) Tod der Tiere nach der Injektion der Erreger wurde als eindeutiger Beweis für den Zusammenhang zwischen kausalem Agens und der Krankheit gewertet. Im Anschluss wurden die Tiere und ihre Organe seziert, um zu prüfen, ob sich der Erreger im Körper nachweisen ließ. War der Nachweis erst einmal erbracht (und anerkannt), dienten die Labortiere zunehmend eher als Inkubator und Bakterienumwelt. Zwar konnte man Bakterien auch in vitro fortzüchten, aber in zahlreichen Untersuchungen ging es beispielsweise um die Frage, ob sich der Erreger und seine Kontagiosität in Tierpassagen veränderte.

Die Blut-Morphologie der Laboratoriums-Tiere. Leipzig: Barth 1912; Oskar Seifried: *Die wichtigsten Krankheiten des Kaninchens. Mit besonderer Berücksichtigung der Infektions- und Invasionskrankheiten.* München: Bergmann 1927; Clyde Keeler: *The Laboratory Mouse. Its Origin, Heredity, and Culture.* Cambridge: Harvard UP 1931; Rudolf Jaffé (Hrsg.): *Anatomie und Pathologie der Spontanerkrankungen der kleinen Laboratoriumstiere Kaninchen, Meerschweinchen, Ratte, Maus.* Berlin: Springer 1931.

22 Das KGA zählte schon Anfang der 1880er Jahren zu den „wichtigsten Thierversuchsanstalten", vgl. die Protokolle des Preußischen Abgeordnetenhauses vom 16.04.1883, zit. in Carola Sachse: Von Männern, Frauen und Hunden. Der Streit um die Vivisektion im Deutschland des 19. Jahrhunderts. In: *Feministische Studien* 24,1 (2006), S. 9–28.

23 Siehe Löffler: Untersuchungen, S. 453, 464.

24 Ebd., S. 454.

Tiere krank machen – Labortiere als Passage

Bis in die 1890er Jahre war die Geschwulstforschung Domäne der Chirurgie und der Histologie. In der Chirurgie ging es um therapeutische Aspekte mit Fokus auf der (erfolgreichen) operativen Entfernung der Geschwülste, während die Histologie die Entstehung und Struktur der Gewebeveränderungen untersuchte.[25] Mit Durchsetzung der Bakteriologie als Denkkollektiv in den 1890er Jahren fanden die bakteriologischen Denkmodelle und Methoden auch Eingang in die Krebsforschung, es wurde z. B. diskutiert, ob Krebs übertragbar sei und durch Mikroorganismen ausgelöst werden konnte.

Im ersten Jahrzehnt des 20. Jahrhunderts arbeitete man in der experimentellen Krebsforschung daran, ein geeignetes Tiermodell zu finden, um Tumorgewebe für seine Erforschung zu züchten, um die Zellkulturen in ihrem Wachstum und ihrer Struktur oder die Morphologie der verschiedenen Geschwulstformen zu vergleichen und um die Wachstumsgeschwindigkeit sowie die Wirkung von Umweltbedingungen wie Hitze und Alter unter Laborbedingungen beobachten zu können. Tumoren wurden ‚gezüchtet', indem Labortieren Tumorgewebe angenäht oder Gewebebrei unter die Haut injiziert wurde. In sogenannten Überimpfungen wurden Tumoren passagiert, d. h. von Tier zu Tier übertragen, um Veränderungen der Tumoren im zeitlichen Verlauf[26] oder die „Virulenz", d. h. die Geschwindigkeit und das Ausmaß des Tumorwachstums, zu beobachten. Im Unterschied zur Bakteriologie, in der die Verwendung gesunder Labortiere eine Voraussetzung darstellte, um charakteristische Krankheitssymptome zu erzeugen, wurden in der Krebsforschung bis zur Entwicklung eines geeigneten Tiermodells kranke und alte Tiere verwendet, da man hoffte, dass ihre geschwächte gesundheitliche Konstitution das Anwachsen von Tumoren erleichterte. Weiterhin behandelte man „Tumortiere" mit Chemikalien, man setzte sie Kälte, Hitze oder einem besonderen Ernährungsregime aus, um die Auswirkungen auf das

25 Siehe Ulrike Bode: *Frühe histologische Krebsforschung in Deutschland, Frankreich und Österreich*. Köln: Hansen 1979.

26 In einem Artikel berichtete Ehrlich von hunderten von Passagen eines Tumors, vgl. Paul Ehrlich: Über den jetzigen Stand der Karzinomforschung [1909]. In: Ders.: *Gesammelte Arbeiten in vier Bänden; einschließlich einer vollständigen Bibliographie*, Bd. 2: Immunitätslehre und Krebsforschung, hrsg. v. Fred Himmelweit. Berlin: Springer 1957, S. 550–562.

Wachstum der Tumoren zu vergleichen.[27] Auch wenn das Labortier Adressat der medizinisch-wissenschaftlichen Eingriffe war, so richtete sich der Fokus der Beobachtung auf die Zellkulturen. Das Labortier war – wie in der Bakteriologie – Umwelt, Passage und Medium.

Standardisierung von Krankheit

In der biologischen Abteilung des ebenfalls von Ehrlich geleiteten GSH wurden chemische Präparate auf ihre Toxizität und therapeutische Wirkung getestet. Toxizitätstests waren in der Arzneimittelkunde seit dem Altertum bekannt. Es wurde geprüft, ob ein Stoff und in welcher Konzentration für den lebenden Organismus giftig war.[28] Im GSH wurde nach ersten In-vitro-Versuchen das Wirkungsspektrum eines Präparats zwischen Minimal- und letaler Maximaldosis ermittelt und die therapeutische Dosierung an Labortieren getestet. Der Test präsentiert ein komplexes Beziehungsgefüge verschiedener Akteure:[29] den beteiligten Wissenschaftler*innen, technischen Objekten, verschiedenen Tierspezies und Spirochäten-Arten mit unterschiedlichen Erregerstämmen.[30] Die Standardisierung von Krankheit im Rahmen dieser Akteursverbindung lässt sich exemplarisch an der Arbeit des Japaners Sahachiro Hata darstellen, der zwischen Frühjahr 1909 und Herbst 1910 als Gastwissenschaftler am GSH u. a. für „die Wartung und Pflege der erkrankten Tiere" zuständig war.[31] Zudem sollte er die Wirkung der im GSH entwickelten Präparate systematisch auf Spirochäten

27 Vgl. z.B. Paul Ehrlich: Experimentelle Carcinomstudien an Mäusen [1906]. In: Ders.: *Gesammelte Arbeiten*, Bd.2, S.493–511; ders.: Experimentelle Studien an Mäusetumoren [1907]. In: Ebd., S.512–526; ferner Janina Hurwitz: *Paul Ehrlich als Krebsforscher*. Dissertation med., Universität Zürich, 1962; Gustav Wagner / Andrea Mauerberger: *Krebsforschung in Deutschland. Vorgeschichte und Geschichte des Deutschen Krebsforschungszentrums*. Berlin: Springer 1989.

28 Siehe Andreas-Holger Maehle / Ulrich Tröhler: Animal Experimentation from Antiquity to the End of the 18th Century. Attitudes and Arguments. In: Nicolaas A. Rupke (Hrsg.): *Vivisection in Historical Perspective*. London: Routledge 1987, S.14–47; für die Frühe Neuzeit Andreas-Holger Maehle: Zur wissenschaftlichen und moralischen Rechtfertigung toxikologischer Tierversuchen im 17. Jahrhundert. Johann Jakob Wepfer und Johann Jakob Harder. In: *Gesnerus* 43 (1985), S.213–221.

29 Zu Akteurs-Netzwerken vgl. Latour: *Science in Action*; ders.: *Reassembling the Social*.

30 Hata: Experimentelle Grundlage.

31 Martha Marquardt: *Paul Ehrlich als Mensch und Arbeiter*. Stuttgart: DVA 1924, S.85.

prüfen. Hata begann damit, einen europäischen und einen afrikanischen Rekurrenz-Stamm auf Mäuse und Ratten zu „überimpfen". Er beobachtete, dass „der Verlauf des Rückfallfiebers bei Mäusen und Ratten von der Virulenz des Erregers und der Anzahl der eingespritzten Keime" abhing und die individuelle Empfänglichkeit der Tiere eine Rolle spielte.[32] Die therapeutische Wirkung der Präparate war somit schwierig zu bewerten, weil man nicht eindeutig beurteilen konnte, ob die Heilung eines an Rekurrenz erkrankten Tieres durch das Präparat herbeigeführt worden war und dessen Wirksamkeit belegte oder ob das Tier deshalb geheilt worden war, weil der Erreger abgeschwächt war oder das Tier über eine robuste Gesundheit verfügte. Die Individualität der Tiere bzw. die Krankheitsausprägung machte Hata daran fest, dass Mäuse, die mit einem schwächeren Erregerstamm infiziert wurden, die Krankheit ungleichmäßig ausbildeten, d. h., der zeitliche Verlauf verzögerte sich oder es war eine unterschiedliche Anzahl von Parasiten im mikroskopischen Befund nachweisbar. Individuelle Koinzidenzen bei Labortieren versuchte man dadurch zu nivellieren, dass möglichst gleichartige Tiere, d. h. solche mit gleichem Gewicht, Gesundheitsstatus, Geschlecht und Alter verwendet wurden.

Hata löste das Problem, indem er die Krankheit selbst zu standardisieren versuchte und dadurch eine artifizielle Laborerkrankung generierte.[33] Ihm schien unerheblich, „ob man mit schwerer oder leichter Infektion arbeitet" – es sei nur notwendig, „daß man stets eine gleichmäßig starke Infektion" produziere.[34] Im Folgenden übertrug Hata jeden zweiten Tag einer gesunden Maus das Blut einer bereits infizierten Maus. Nach einigen Monaten hatte der Krankheitserreger 230 Tiere passiert, wobei die Virulenz der Spirochäten ständig stieg.[35] Das Krankheitsbild und der Verlauf wurde mittels Dunkelfeld-Mikroskopie dahingehend vereinheitlicht, indem nur Blutproben einer infizierten Maus, die drei

32 Hata: Experimentelle Grundlage, S. 4 sowie Tab. 1.

33 Er habe „davon Abstand genommen, Infektionen hervorzurufen, die der menschlichen Krankheit entsprechen", und „den Verlauf des menschlichen Recurrens im Tierversuch nachzuahmen und die Beeinflussung dieses Verlaufes durch die verschiedenen Medikamenten zu studieren" (ebd., S. 6). Das ‚natürliche' Rückfallfieber der Tiere, das beim Menschen zudem einen anderen Verlauf nahm, hatte gegenüber der künstlich erzeugten Laborinfektion auch den Nachteil, dass die Erkrankung weitaus unregelmäßiger verlief.

34 Vgl. ebd., S. 5.

35 Ebd., S. 3, 13, 35, 58, 84, 103 sowie Tab. 2, 3.

Tage nach der Infektion 20 bis 30 Spirochäten per Sichtfeld enthielten, zur Übertragung und Generierung einer Standardinfektion verwendet wurden.[36] Die steigende Virulenz berücksichtigte man, indem man nach einer bestimmten Passagenzahl das Blut zunehmend mit physiologischer Kochsalzlösung verdünnte.

Bevor Hata die Wirkung von Farbstoffen und Arsenpräparaten in vitro und in vivo an unzähligen Mäusen testen konnte,[37] musste er über Monate hinweg eine standardisierte Laborinfektion generieren. Die nach dem artifiziellen Muster infizierte Maus stellte mehr als nur eine kranke Maus dar: In ihrer Symbiose waren Maus und Spirochäte ein Hybrid, das bestimmte Eigenschaften aufweisen und sich vorhersehbar und berechenbar verhalten und definierte Krankheitsmerkmale ausbilden sollte. Diese Statusveränderung wird auch in Hatas Publikation deutlich: Nachdem er auf den ersten Seiten den „Infektionsmodus" beschrieben hatte, traten im späteren Teil der Untersuchung die Hybride überwiegend als „verdünntes Spirillenblut" oder überhaupt nur als „Spirillen" in Erscheinung.[38]

Kranke Menschen und kranke Tiere – eine Beziehungsgeschichte

Die Beziehungsgeschichte von Wissenschaftler*innen und Tieren im Labor steht unter keinem guten Stern. Die Beziehung war asymmetrisch und es gab ein enormes Machtgefälle. Für die Labortiere war die Beziehung leidvoll und endete fast immer tödlich. Während die Tiere litten und starke Schmerzen spürten, waren Wissenschaftler*innen im Gegensatz hierzu gehalten, gerade keine Gefühle zu zeigen, um dem Anspruch objektiver Forschung zu genügen. Tiere krank zu machen, war ein wesentlicher Teil der wissenschaftlichen Arbeit der in das Beziehungsgefüge eingebundenen Menschen. Krank gemacht, modellierten die Tiere Symptome (menschlicher) Infektionskrankheiten, damit die beobachtenden Wissenschaftler*innen Aussagen über deren

36 Hata: Experimentelle Grundlage, S. 5–11.

37 Ausführlich Axel C. Hüntelmann: Mäuse, Menschen, Menagerien. Laborchimären und ihre wechselvolle Beziehung im Königlich Preußischen Institut für experimentelle Therapie nach 1900. In: Matthias Wunsch / Martin Böhnert / Kristian Köchy (Hrsg.): *Philosophie der Tierforschung,* Bd. 3: Milieus und Akteure. Freiburg i. Br.: Alber 2018, S. 221–261.

38 Vgl. Hata: Experimentelle Grundlage, S. 10, die Bezeichnung „Spirillenblut" z. B. S. 12.

Ursache, deren Verlauf oder die Auswirkungen chemischer Präparate auf die Krankheit treffen konnten. In der Tier-Mensch-Beziehung im Labor veränderte sich der ontologische Status der Tiere in ihrer Beziehung zum Menschen dadurch, dass sie Krankheitsindikator oder Bakterienumwelt oder (Tumor-)Passage sein konnten. Körperlich veränderten sie sich, insofern sie gesund waren und krank wurden und indem sie durch das Anpflanzen oder Einimpfen von Gewebe anderer Tiere oder Menschen zu Hybriden, zu Chimären wurden: ein Kaninchen, das einen menschlichen Syphilis-Schanker ausbildete, oder eine Ratte, der menschliches Tumorgewebe anwuchs.

Andererseits waren die Tiere für die Wissenschaftler*innen essentiell und sie konstituierten ihren Status als Bakteriologen. Ohne die Tiere und die Möglichkeit, im Tierversuch die Ursache von Krankheiten durch eine Re-Infektion zu beweisen, war bakteriologische Forschung nicht möglich. Auch wenn Tiere im Labor ihren humanen Beziehungspartner*innen ausgeliefert waren, wäre es verfehlt, ihnen Agency abzusprechen. Im Sinne einer Wirkungsmacht hatte ihr Handeln zahlreiche von den menschlichen Akteuren nicht intendierte Folgen, wie beispielsweise die Ausbildung von Symptomen, die nicht dem von den Wissenschaftler*innen erwarteten (menschlichen) Krankheitsbild entsprachen oder nicht eindeutig waren und nicht als Beweis gelten konnten. Aus diesem Grund bemühte sich beispielsweise Hata, das Krankheitsbild zu vereinheitlichen, um die Wirkung der entwickelten Heilmittel beurteilen zu können. Die Mitarbeiter*innen im Labor mussten daher gelegentlich intervenieren und den Versuchsablauf korrigieren oder neu justieren. Darüber hinaus konnten die Tiere spontan krank werden, obwohl dies gar nicht vorgesehen war, und die Aussagekraft eines Versuchs beeinträchtigen, eine Versuchsserie durch eine Kreuzinfektion zunichte machen oder, bei gedrängter Unterbringung, einen ganzen Stall bedrohen. Schließlich stellten die infizierten Versuchstiere auch eine Bedrohung für den Menschen dar, der sich bei dem krank gemachten Tier anstecken und an einer Laborinfektion erkranken konnte.

Zoo(anthropo)nosen:
Krank machen – krank werden

Emotionen und die silvatische Tollwut in Deutschland in den 1950er bis 1970er Jahren

Stefan Hecht

Einleitung

„Rabies Elimination in Europe – A Success Story" – Rückblickend ist dieser triumphierende Titel[1] für das lange von der silvatischen Tollwut heimgesuchte und seit 2008 tollwutfreie[2] Deutschland bezeichnend. Er verweist auf einen Umgang mit einer Wildtierseuche, der als vorbildhaft und innovativ gilt. Aber welche Rolle spielten Emotionen[3] dabei, bzw. inwiefern trugen sie zu diesem Erfolg bei? Bei dem folgenden Versuch einer Rekonstruktion geht es nicht darum, was und wann tatsächlich empfunden wurde, vielmehr geht es darum, wie Emotionen politisiert wurden und welche Emotionen eine entscheidende Rolle spielten.

Tollwut ist eine der ältesten Erkrankungen, bei der eine Übertragbarkeit zwischen Tieren und Menschen erkannt wurde. Entgingen beispielsweise Flöhe und Ratten bis zum 20. Jahrhundert dem expliziten Verdacht als Übermittler der Pest, wurden Hunde und deren Biss seit dem Altertum mit dem Gedanken des Contagium in ein ätiologisches Schema für den Ausbruch der Krankheit beim Menschen eingereiht. Die relativ neue Bezeichnung Tollwut setzte sich im deutschsprachigen Raum ab dem 19. Jahrhundert durch, zuvor nannte man die Erkrankung „Wuth, Hundswuth, Wuthseuche, Tollheit der Hunde [... bzw.] Wasserscheu oder Hydrophobia."[4] Erfolge polypragmatischer Versuche

1 Florence Cliquet / Franz Conraths / Panayiotis Demetriou / Anthony Fooks / Conrad Freuling / Thomas Mettenleiter / James Moynagh / Thomas Müller: Rabies Elimination in Europe – A Success Story. In: *OIE Global Conference on Rabies Control 2011.* Paris: OIE 2012, S. 31–43.

2 Bis auf die Fledermaus-Tollwut.

3 Emotionen im Sinne von Antonio Damasio als (körperliche) Erscheinungen, Praktiken, die von außen her beobachtbar sind und sich einer Verobjektung unterziehen lassen; im Unterschied zu Gefühlen, die eher der Ebene von Gedanken über Emotionen, der Sphäre des Geistes einer Person vorbehalten bleiben. Vgl. hierzu Hans Goller: *Erleben, Erinnern, Handeln. Eine Einführung in die Psychologie und ihre philosophischen Grenzfragen.* Stuttgart: Kohlhammer 2009, S. 62-72.

4 Angela von den Driesch / Joris Peters: *Geschichte der Tiermedizin. 5000 Jahre Tierheilkunde.* Stuttgart: Schattauer 2003, S. 182.

zur Heilung der Krankheit[5] sind aus heutiger Sicht zu bezweifeln, bei Ausbruch der Symptome ist Tollwut fast immer letal. Ihrem Ansteckungsmodus und ihrem fulminanten, eigentümlichen Verlauf verdankt die Tollwut ihren Platz in den obersten Rängen gefürchteter Krankheiten. Der Vermerk in einem Wörterbuch der Tierheilkunde aus dem Jahr 1832 reflektiert den Eindruck von Ohnmacht und Angst: Diese „fürchterliche Krankheit, deren bloßer Name Schrecken einflösst, und über welche so viel geschrieben, aber doch wenig Genügliches bekannt ist [...].“[6] Im Deutschen Kaiserreich verankerte sich die politische Dimension der Tollwut mit der Einführung von Hundesteuer und Halsbandpflicht. Damit wurde staatlichen Hundefängern die Eliminierung streunender Tiere bei Epidemien erleichtert. Einen medizinischen Durchbruch mit der Hoffnung, die Krankheit besiegt zu haben, stellten aber Pasteurs' Impfungen Ende des 19. Jahrhunderts dar. Verschwunden ist das angsteinflößende Potenzial der Tollwut dadurch allerdings nicht.

Nach dem Zweiten Weltkrieg beginnt in der deutschen Tollwutgeschichte der Übergang von der urbanen, typischerweise durch Hunde, zur silvatischen, durch Wildtiere verbreiteten Tollwut. Von Osten kommend breitet sie sich zwischen 1946 und 1951 zwischen Oder und Elbe aus und dringt jährlich zwischen 30 und 50 km nach Westen vor.[7] Caniden sind besonders empfänglich für das Rabiesvirus und Hauptüberträger auf andere Wirbeltiere. Füchse (*Vulpes vulpes*), die der Familie der Caniden angehören, werden von nun an zu *dem* Agens der Zoo(anthropo)nose Tollwut. Hunde bleiben zwar die

5 Therapieversuche sind seit der Antike bekannt, sie variierten von Ort zu Ort und lassen sich als „pick and mix approach“ charakterisieren. Neben Aderlass, Wundbehandlungen und Heilpflanzen spielten u. a. magische Praktiken, wie das Auflegen von Hundehaaren oder das Einhüllen von Erkrankten in einen Wolfspelz, eine wichtige Rolle. Hunden wurde lange der für die Tollwut verantwortlich geglaubte „Tollwurm“, ein Teil der Zunge, entfernt bzw. der Schwanz kupiert. Vgl. Lothar Schilling: Von ‚Hundswuth‘, ‚Narrenkraut‘ und ökonomischen Aufklärern. Zur Wissensgeschichte der Tollwuttherapie unter besonderer Berücksichtigung des Gauchheils in der zweiten Hälfte des 18. Jahrhunderts. In: Mark Häberlein / Stefan Paulus / Gregor Weber (Hrsg.): *Geschichte(n) des Wissens*. Augsburg: Wißner 2015, S. 311–323.

6 Driesch / Peters: *Geschichte der Tiermedizin*, S. 183.

7 James Cox / Thomas Müller / Winfried Müller: Rabies in Germany, Denmark and Austria. In: Arthur King / Anthony Fooks / Michel Aubert / Alexander Wandeler (Hrsg.): *Historical Perspective of Rabies in Europe and the Mediterranean Basin*. Paris: OIE 2004, S. 79–92, hier S. 82–83.

Hauptüberträger des Virus auf Menschen, sie werden aber zunehmend als Opfer wahrgenommen.[8] Hier ist die Periode bis in die 1970er Jahre von Interesse, bevor sich Schluckimpfungen für Füchse als neuer und erfolgreicher Ansatz in der Tollwutproblematik durchgesetzt haben.[9] Drei Emotionsherde lassen sich umkreisen: Die Tollwut (als Krankheit) selbst; Tiere, die ansteckend - für Mensch und Tier – sind; und Tiere, die durch Maßnahmen der Bekämpfung der Tollwut bedroht werden.

Angst

Eine naheliegende emotionale Antwort auf Ansteckung und Krankheit ist Angst. Was zeichnet die Angst vor Tollwut gegenüber der vor anderen Zoonosen aus? Welche Rolle spielte Angst in der Phase der silvatischen Tollwut und wie wurde damit – vor allem in den westdeutschen Medien – umgegangen? In der, Jahrtausende zurückreichenden, Geschichte der Tollwut, lange bevor Viren imaginiert oder materialisiert wurden, ist Tollwut ein Topos geworden, der auf Angst, Transformation in ein wildes Tier durch Gebissenwerden[10] sowie qualvolles Sterben rekurriert. Mag die direkte Bedrohung durch ein infiziertes, bissiges Tier eine empirisch begründete Angst darstellen; die Angst vor Tollwut reicht weit darüber hinaus. Die Symptomatik, die bei Tieren und Menschen auftreten kann, wenn das Virus das zentrale Nervensystem erreicht – Wesensveränderung, Schaum vor dem Mund,

8 Pressemitteilungen unter Titeln wie „Hund rettete 12jährigen vor tollwütigem Fuchs" (1959), „Für ihren Herrn geopfert" (1965), „Der Hund, der seinen Herrn rettete, muß getötet werden" (1973), zeichnen Hunde durchwegs als Opfer tollwütiger Wildtiere, insbesondere Füchse, und als Retter und Beschützer von Mensch und Zuchttieren. Da sie sich bei ihrem „Einsatz" mit Tollwut potentiell infizierten, werden sie getötet, was Gefühle von Mitleid, Rührung über die Tapferkeit sowie gegen die Antagonisten gerichtete moralische Empörung provoziert. Der Einzug der Hunde in dieses emotionale Protektorat spiegelt sich u.a. auf veterinärmedizinischer Ebene in der „Fronde von privaten Hundehaltern", die das damals in der Bundesrepublik geltende Verbot amtlicher präinfektioneller Tollwutimpfungen mit Hilfe amerikanischer Tierärzte umgingen. Vgl. Tollwut. Impfen gefährlich? In: *Der Spiegel*, 36/1959, S. 74–75.

9 Victoria-Patricia Ahlmann: *Epidemiologische Untersuchungen zum Vorkommen der Tollwut und des kleinen Fuchsbandwurmes, Echinococcus Multilocularis, im Saarland.* Unveröffentlichte Dissertation, FU Berlin, 1997, S. 21–24.

10 Vgl. Joanna Swabe: Folklore, Perceptions, Science and Rabies Prevention and Control. In: King / Fooks / Aubert / Wandeler (Hrsg.): *Historical Perspective*, S. 311–323, hier S. 311–317.

Schlundkrämpfe und Beißen –, führte zu dem Kurzschluss, das beißende Tier sei (ontisch) diese böse Krankheit,[11] die den Menschen ins Tier verwandelt,

> das definitiv Nichtmenschliche, das schon immer den abgesteckten Schutzraum der Kultur zu usurpieren trachtete, [...] ein bedrohlich agierendes Subjekt, das die menschlichen Bezirke umschleicht, in sie eindringt, seine Opfer reißt.[12]

Hinter den historischen Vernichtungszügen auf tollwütige Tiere ist daher auch die verselbständigte Angst verborgen, die, über das Strategem des Selbstschutzes hinausgehend, die solidarische Vernichtung der Bestie ausruft. Zu der Angst, die Tollwut heraufbeschwört, hat sich zudem – dies zeichnet Tollwut als Zoonose besonders aus – Faszination[13] gesellt. Wenn das Objekt der Angst, das tollwütige Tier, weit genug weg ist, gerät Faszination in den Anziehungskreis von Angst.[14] Dies erklärt, warum die Mythen von Werwolf[15] und Vampirismus[16] mit Tollwut zusammenwachsen konnten. In der Metageschichte der Tollwut bestätigt sich, dass Angst und das menschliche Einbildungsvermögen sehr eng miteinander verknüpft sind.[17] Kraft ihres Emotionspotentials ist Tollwut eine „Angstkrankheit"

11 Diese Gleichschaltung von *Böse*, Tier und Krankheit lässt sich vereinzelt noch in moderner medizinischer Literatur finden: „In seltenen Fällen findet sich Bösartigkeit, Beiß- und Angriffslust auch beim Menschen." (Reinhard Schindler: Tollwut. In: Richard Haas / Oskar Vivell (Hrsg.): *Virus- und Rickettsieninfektionen des Menschen*. München: Lehmanns 1965, S. 609–623, hier S. 610.)

12 Olaf Briese: *Angst in Zeiten der Cholera: Seuchen-Cordon über kulturelle Ursprünge des Bakteriums*. Berlin: Akademie 2003, S. 72.

13 Vgl. Bill Wasik / Monica Murphy: *Rabid. A Cultural History of the World's Most Diabolic Virus*. New York: Penguin 2012, S. 5.

14 Dies zeigt sich beispielsweise in der Tollwutgeschichte Englands des 19. Jahrhunderts: Öffentliche Ängste manifestierten sich insbesondere in Phasen der (politisch gesteuerten) Aufmerksamkeitslenkung auf Tollwut bzw. tollwütige Hunde, außerhalb dieser Phasen rückte Tollwut im kollektiven Bewusstsein in einen Latenzzustand von „comedy, mystery and tragedy". Vgl. Neil Pemberton / Michael Worboys: *Mad Dogs and Englishmen. Rabies in Britain, 1830–2000*. Handmills: Palgrave Macmillan 2007, S. 40–41.

15 Utz Anhalt: *Die gemeinsame Geschichte von Wolf und Mensch. Von Wolfsmenschen und Werwölfen*. Schwarzenbek: Cadmos 2013.

16 Rainer Köppl: *Der Vampir sind wir. Der unsterbliche Mythos von Dracula biss Twilight*. St. Pölten: Residenz 2010.

17 Vgl. Reinhold Görling: Verkörperung. In: Lars Koch (Hrsg.): *Angst. Ein interdisziplinäres Handbuch*. Stuttgart / Weimar: Metzler 2013, S. 180–188, hier S. 180.

schlechthin, das Leitsymptom der Hydrophobie,[18] lange bevor mit der Agoraphobie 1872 Phobien als solche medizinisch legitimiert wurden, vermochte kollektiven Alarm auszulösen.[19] Verursachten jedoch erste Meldungen um 1950 über (silvatische) Tollwut Alarm und Panik? Aus Sicht der Veterinärbehörden wurden die Gefahren der Tollwut in der Öffentlichkeit in den Nachkriegsjahren „unterschätzt, vollkommen verkannt oder absichtlich nicht beachtet“[20], neu war zudem eine Bedrohung durch einst harmlose Waldbewohner, die, anders als Hunde, wenig Speicherplatz im kollektiven Gefahrengedächtnis besetzten. Daher wollte man die Risikoperzeption der Bevölkerung sensibilisieren[21] und durch Presse, Plakate und Merkblätter, die auf konservierte Angstmuster rekurrierten, aufklären. Der Rundfunkbeitrag „Tollwut“[22] des SWR informiert 1951 eindringlich über die Gefahr der Tollwut. Obwohl der Sprecher das Risiko im Süden des Landes, der zu der Zeit frei von Tollwut ist, einschränkt, entsteht der Eindruck von etwas Bedrohlichem, das jederzeit und überall da sein kann, „die Tiere gehen auf fremde Gehöfte […] und sie zeigen steigend eine Biss-Sucht. […] Der Virus stürzt sich auf die Nervenbahnen […]. Wachsamkeit ist gefragt.“ Mitteilungen in der Presse der 1950er und 1960er Jahre alarmieren und vermitteln den Ernst der Lage:

> Die seit drei Jahren in der Ostzone grassierende Tollwut hat ein weiteres Todesopfer gefordert […].[23]
> Bis in den Kindergarten […] pirschte sich ein tollwütiger Fuchs vor. Die Kinder staunten erst, aber Sekunden später brach Panik unter ihnen aus. Der Fuchs stürzte sich auf die kleinen Kinder […].[24]

18 Hydrophobie bezeichnet die Angst vor konkreten oder vorgestellten Flüssigkeiten und geht mit Spasmen einher. Daneben existiert die Verwendung des Begriffs als Synonym für Tollwut bei Menschen.

19 Pemberton / Worboys: *Mad Dogs*, S. 96. Der Biss eines vermeintlich tollwütigen Hundes, bzw. die Angst vor der Tollwut, trieb Ferdinand Raimund in den Selbstmord. Im 19. Jahrhundert wurde die Angst vor Tollwut als Ursache der Hydrophobie medizinisch diskutiert.

20 Vgl. Elke Schelthoff: *Tierseuchenbekämpfung im Düren-Jülicher Raum während des 20. Jahrhunderts. Ein Beitrag zur Geschichte des öffentlichen Veterinärwesens.* Unveröffentlichte Dissertation, Justus-Liebig-Universität Gießen, 2006, S. 101.

21 Tollwut ist immer wieder Thema im Bundestag, wo ständiges und nachdrückliches Hinweisen auf die Tollwutgefahr durch die Landesbehörden gefordert wird.

22 Ernst Khuon: *Tollwut*. Südwestrundfunk, Produktionsnummer 130829, Erstausstrahlung: 05.02.1951.

23 Tollwut-Tod. In: *Bild*, 29.01.1953, S. 1.

24 Panik im Kindergarten. In *Bild*, 22.10.1953, S. 3.

> Wir warnen noch einmal dringend, nehmt euch im Wald in acht! Die Tollwut [...] greift unerbittlich um sich! Auf einer Landstraße sprang ein wahrscheinlich tollwütiger Fuchs einen 23-jährigen Motorradfahrer an. Das Tier biß sich in dessen Oberschenkel fest [...][25]
> Mäuse wurden von norddeutschen Bauern jetzt als Tollwutträger festgestellt. Auf vielen Feldern gingen sie massenweise gegen Menschen vor.[26]

Die behördliche Einschätzung, die Tollwut würde verkannt oder ignoriert, war sicher zutreffend. Tollwut war, zumal in der Anfangsphase der 1950er Jahre, nicht omnipräsent und die Sorgen und Ängste der Menschen galten eher anderen Aspekten ihrer Gesundheit, als sich mit Tollwut anzustecken. Stellt man die „Angstkrankheiten" Tollwut und Tuberkulose am Anfang der 1950er Jahre einander gegenüber, fallen Diskrepanzen im seuchenpolitischen Ernst und der Rigorosität der Bekämpfung auf: „Im Jahre 1951 starb ein Mann in Berlin-Spandau, 1953 in Schleswig-Holstein ein zweiter Mann."[27] Die Anzahl der Todesopfer der bovinen Tuberkulose in den Jahren 1950/51 liegt wahrscheinlich bei über 40.000. Dennoch wurden potentiell tuberkulöse Kühe bis nach 1960 in manchen Ställen toleriert.[28] D. h., die alte, sehr zielgerichtete Angst vor Tollwut, vor dem tierlichen Gift, mobilisierte drakonische Maßnahmen gegen nicht nur kranke Wildtiere; die Angst vor Tuberkulose dagegen verteilte sich auf kranke Kühe, die eigene Gesundheit, soziale, sozialhygienische und ökonomische Dimensionen. Es ist signifikant für die Tollwut als „Angstkrankheit", dass die Risikoperzeption besonders gesteigert ist, bei vergleichsweise niedrigen Opferzahlen.[29]

25 Eine gefährliche Krankheit flackert auf. Mit tollwütigem Fuchs auf Motorrad. In *Bild*, 19.02.1954, S. 2.

26 Tollwut-Mäuse. In: *Bild*, 07.10.1955, S. 2. Tollwut bei Mäusen als potentielle Gefahr war ein Diskurs in der Fachpresse und exemplifiziert diffuse Übergänge zwischen Wissenschaftsdiskursen und Boulevardpresse, Imagination und Lebenswelt. Vgl. Ernst Kuwert: Bemerkungen zur Epizootiologie und zur derzeitigen Bekämpfung der Tollwut in Deutschland. In: *Anzeiger für Schädlingskunde* 33,12 (1960), S. 183–185, hier S. 184.

27 Emil Kauker: *Die Tollwut in Mitteleuropa von 1953 bis 1966*. Berlin / Heidelberg: Springer 1966, S. 222.

28 Vgl. Schelthoff: *Tierseuchenbekämpfung*, S. 59; Dagmar Ellerbrock: *„Healing Democracy" – Demokratie als Heilmittel. Gesundheit, Krankheit und Politik in der amerikanischen Besatzungszone 1945–1949*. Bonn: Dietz 2004, S. 324–441.

29 In der Bundesrepublik starben zwischen 1950 und 1976 15 Menschen an Tollwut. Zwischen 1961 und 1971 starben 127 Kinder an der Pockenschutzimpfung. Vgl. Malte Thiessen: Der Ausnahmezustand als Argument. Zum Zusammenhang von

Emotionen des Ekels und der Krankheitsvermeidung

Doch nicht nur Angst war bei der silvatischen Tollwut beteiligt. Auch Ekel, der sich mit Angst vermischen kann, spielte eine Rolle.[30] Ekel kann sensorisch oder abstrakt entstehen und ist kontextabhängig und variabel. Der Ekel beim Anblick einer Kröte, angesichts eines Befalls von Kopfläusen oder beim Berühren einer Schlange ist nicht identisch. Ein spezifischer Kontext für Ekel ist Krankheit. Er spielt eine Schlüsselrolle bei Ansteckungsvermeidung.[31] Nun zählen harmlose Wildtiere nicht zu ekelauslösenden Tieren, aber das medial verbreitete Wissen um ihre hochgradige Infektiosität arbeitete daran, sie potentiell zu Ekeltieren der Wildtiertollwut zu machen. Bilder von abgemagerten, kränklich aussehenden Füchsen fügten der Zeichensprache der Angst eine des Ekels hinzu. Der Impuls, ein krankes Tier gesundzupflegen, unterliegt kultureller Beeinflussung. Das Verhalten gegenüber kranken Tieren wird erlernt und Ekel ist dabei beteiligt. Bis in die 1970er Jahre wurde mit Botschaften über Tollwut ein Phänotyp vom Fuchs als einem ästhetisch und moralisch hässlichen Tier verbreitet. Der Fuchs wurde mit Ekel behaftet. Informationen, dass kranke, ansteckende Tiere den Wald bewohnen, können sogar diffusen Ekel vor der Natur

Seuchenangst, Immunität und Persönlichkeitsrechten im 19. und 20. Jahrhundert. In: Hannah Ahlheim (Hrsg.): *Gewalt, Zurichtung Befreiung? Individuelle ‚Ausnahmezustände' im 20. Jahrhundert*. Göttingen: Wallstein 2017, S. 93–116, hier S. 108. Hinweise auf relativ geringe Opferzahlen der Tollwut auch hier: Mary Dobson: *Murderous Contagion: A Human History of Disease*. London: Quercus 2007; John Douglas Blaisdell: *A Frightful, but not Necessarily Fatal, Madness: Rabies in Eighteen-century England and English North America*. Dissertation, Ames Iowa State University, 1995. http://lib.dr.iastate.edu/cgi/viewcontent.cgi?article=12040&context=rtd (Zugriff am 07.01.2018), S. 3–4; Aline Steinbrecher: Zur Kulturgeschichte der Hundehaltung in der Vormoderne: Eine (Re)Lektüre von Tollwut-Traktaten. In: *Schweizerisches Archiv für Tierheilkunde* 1 (2010), S. 31–36.

30 Über die Abgrenzung von Ekel und Angst siehe insbesondere Lara Marie Barreira Montero: *Attention Bias für Ekel bei Spinnenangst*. Dissertation, Heinrich-Heine Universität Düsseldorf, 2017. https://docserv.uni-duesseldorf.de/servlets/DerivateServlet/Derivate-35598/Dissertation__Endfassung_BarreiraMontero.pdf (Zugriff am 01.02.2018), S. 14–68, 189–213.

31 „Disgust is a voice in our heads, it is the voice of our ancestors telling us to avoid infectious disease […] The voice of emotion is there for a reason, it guides us to behave in ways that are good for our genes […]." (Valerie Curtis: Why Disgust Matters. In: *Philosophical Transactions of the Royal Society* B 366 (2011), S. 3478–3490. http://rstb.royalsocietypublishing.org/content/roptb/366/1583/3478.full.pdf (Zugriff am 07.01.2018), hier S. 3486.) Vgl. auch Megan Oaten / Richard Stevenson / Trevor Case: Disgust as a Disease-Avoidance Mechanism. In: *Psychological Bulletin* 135,2 (2009), S. 303–321.

erzeugen, denn der Ekel hat die Neigung überzuspringen auf andere und anderes, und er kann in der Psyche festhaften. Folgender Bericht illustriert, wie die auf Angstmechanismen ausgerichtete Presse[32] über infektiöse Wildtiere ansteckungsvermeidende (Über-)Reaktionen im Kontakt mit der Fauna zu beeinflussen vermochte:

> Ein Spaziergänger im Industriegebiet wurde auf der Strasse plötzlich von einem Eichhörnchen angesprungen, das kurzerhand in seine Hosentasche schlüpfte. Der erschrockene Mann hob die Hände hoch und rief laut um Hilfe. Ein zufällig in der Nähe befindlicher Polizeiwachtmeister trat herzu [und die Angelegenheit stellte sich als die Eskapade eines völlig gesunden, Nüsse suchenden Haustieres heraus].[33]

Häufige Meldungen über mögliche Komplikationen bei der Berührung von zahmen oder toten Tieren leiteten ein krankheitsvermeidendes Handeln an. Zudem konnte das seit Ende des 19. Jahrhunderts aufgekommene und mit der Virologie der 1950er Jahre nach und nach um sich greifende Wissen um die perfide Natur der viralen Ansteckung[34] die Kontaminationssensitivität erhöhen. Da eine weitere Eigenschaft des Ekels seine Tendenz ist, die Ekelquelle nicht wie bei akuter Angst zu meiden oder zu fliehen, sondern zu säubern, zu sterilisieren,[35] diente der Ekel wahrscheinlich dazu, Gefahrensituationen mit Haustieren und Wildtieren zu entschärfen oder zu vermeiden. Insofern hat Ekel vermutlich einen großen Anteil an dem Umstand, dass die silvatische Tollwut relativ wenig Todesopfer forderte.

32 „Ein zahmes Eichhörnchen hat wahrscheinlich zahlreiche Kinder und Erwachsene [...] mit Tollwut angesteckt!" (Tollwut durch Eichhörnchen? In: *Bild*, 29.07.1966, S. 3.) „Ausgerechnet ihre Herbstferien mußten 28 Schüler und ein Lehrerehepaar im Krankenhaus verbringen - wegen Tollwutverdachts. [Ein Schüler schnitt den Schwanz eines toten Fuchses ab.] Auch seine Kameraden und der Lehrer faßten den Fuchsschwanz an. Zwei Tage später ergab eine Untersuchung des Kadavers, daß der Fuchs an Tollwut gestorben war. Fünf Tage mußten alle ins Krankenhaus." (Ärger mit totem Fuchs. Tollwutgefahr in Göttinger Schule. In: *Bild*, 08.02.1964, S. 2.)

33 *Veterinärbericht 1949–1953 Nordrhein-Westfalen*, zit. n. Schelthoff: *Tierseuchenbekämpfung*, S. 101.

34 Vgl. Martin Dinges: Bedrohliche Fremdkörper in der Medizingeschichte. In: Ruth Mayer / Brigitte Weingart (Hrsg.): *Virus! Mutation einer Metapher*. Bielefeld: Transcript 2004, S. 79–95.

35 Vgl. Aurel Kolnai: *Ekel. Hochmut. Haß. Zur Phänomenologie feindlicher Gefühle*. Frankfurt am Main: Suhrkamp 2007, S. 18–19.

Hass

Zu dem Spektrum der Emotionen, mit denen der Tollwut begegnet wurde, gehört auch Hass. Wildtiere, die Menschen angreifen, Wälder zu gefährlichen Orten machen oder Kinder in Gefahr bringen, werden als schlecht und böse eingestuft, tollwütige Füchse verdienen also Hass und werden zum Adressaten von Aggressionen oder anderer negativer Emotionen. Hass „kann durch einen Gegenstand lebhafter ethischer Missbilligung, durch feindliches Betragen eines Wesens“[36] erweckt werden, was eben mit dem Bild des Bösewichts, das Füchsen in manchen Medien zugeschoben wurde, geschah. Der Hass manifestiert sich im radikalen und brutalen Vorgehen gegen das Übel und verbindet sich mit einer Lust am Töten. Die Kausalität zwischen Krankheitsursache und krankem Tier ist dabei vollends aus dem Blick geraten. Ein literarisches Beispiel für das lebensweltliche Phänomen von Hass und Gewalt gegenüber Füchsen (und anderen Tieren), in Ankopplung an die (in Österreich äußerst seltene) Tollwut der Nachkriegszeit, ist in Gerhard Roths' *Der stille Ozean* (1980) zu finden. In folgendem Ausschnitt spiegelt sich die Sinnlosigkeit einer Praxis der Fuchstötung, die nicht auf die Eliminierung einer Gefahr, sondern auf den Akt des Tötens ausgerichtet ist:

> Ascher begegnet auf der Straße dem Auto Zeisners, der anhält und ihm den Inhalt des Kofferraums zeigt. Auf einer Zeltplane lagen erschossene Füchse, sie waren achtlos aufeinandergeworfen und bluteten noch. Mit den Worten ‚sie schauen gesund aus‘ beurteilt ein zufällig Hinzukommender, sicher nicht von ungefähr, das Aussehen der erlegten Tiere.[37]

Ein anderes Beispiel für diesen Hass zeigt die Geschichte in drei Bildern von Karl-Heinz Schoenfeld. (Abb. 1) Das Erschlagen des Fuchses auf dem Bild zeigt das Ausagieren einer Aggression an einem als hassenswert karikierten Fuchs. Dieser blickt von unten, kommt aus dem Hinterhalt, seine Formen sind eckig und hart, in seinen Augen lassen sich Verschlagenheit und Angriffslust lesen. Der Fuchs ist die Reifikation eines Malums und scheint den Schlag mit dem Stock, die Materialisierung des Hasses, zu verdienen. Die Krankheit Tollwut wird in der Bildsemiotik durch die Bösartigkeit des Fuchses übermalt.

36 Ebd., S. 17.

37 Uwe Schütte: *Auf der Spur der Vergessenen. Gerhard Roth und seine Archive des Schweigens*. Wien: Böhlau 1997, S. 74.

Abb. 1: Theo Föhles: Omas erlegten Fuchs mit dem Krückstock.
In: *Bild*, 08.02.1966, S. 3.

Sowohl bei Roths' Szene als in der Zeichnung ist es der Hass, der das Geschehen animiert, ein Ekel vor dem Fuchs entsteht, wenn überhaupt, höchstens auf moralischer Ebene.
Ein Beitrag zur Entstehung von Emotionen, die einem Feindbild von Wildtieren entsprechen, wurde auch auf semantischer Ebene geleistet.[38] Martialisches Vokabular ist zwar typisch für die Bekämpfung von Tierseuchen, besonders markant ist aber die Kombination von Jägersprache, Schädlingsbekämpfung und Kriegsführung, namentlich das Be- bzw. Vergasen, im Vorgehen gegen Füchse.

Emotionen um Begasung und Ausrottung der Füchse

Die radikale Vorgehensweise gegen Zoonosen hat Tradition, „drastische Jagdverfahren haben in der Fuchsjagd [zudem] Geschichte."[39] Signifikant ist der Umstand, dass in der Bundesrepublik die Verwendung von Giftgas als Methode der Fuchsbekämpfung komplexe, ambivalente Emotionen katalysierte. Zu einem Teil gelang es

38 „Words matter in terms of images they create, and poor word selection may have negative collateral effects […]." (Daniel Decker / William Siemer / Darrick Evenson / Richard Stedman / Katherine McComas / Margaret Wild / Kevin Castle / Kirsten Leong: Public Perceptions of Wildlife-associated Disease: Risk Communication Matters. In: *Human-Wildlife Interactions* 6,1 (2012), S. 112–122. https://digitalcommons.usu.edu/hwi/vol6/iss1/13/ (Zugriff am 20.02.2018), hier S. 118.)
39 Klaus Schriewer: *Natur und Bewusstsein. Ein Beitrag zur Kulturgeschichte des Waldes in Deutschland*. Münster: Waxmann 2015, S. 153.

sicher, negative Emotionen mit der Praxis radikaler Dezimierung, im Bannen der Gefahr und dem dadurch dynamisierten Hass an den Fuchs zu koppeln. Immerhin stützte diese Aktionen das Wissen um deren Notwendigkeit, da sich „als einzige brauchbare Methode zur Populationsverdünnung [...] die Begasung der mit Fuchswelpen befahrenen Mutterbaue herausgestellt [hatte]."[40] Dieses Wissen war durch die Autorität der WHO legitimiert.

Andererseits riefen die Begasungen auch ablehnende Emotionen und Reaktionen hervor. Kraft dieser Kritik, die vor allem aus Kreisen von Tierschützer*innen und Jäger*innen kam, wurde eine Betriebsstörung in der klassisch-tradierten Tierseuchenbekämpfung[41] ausgelöst, die die Logik des Tötens gesunder Tiere sowie ganzer Tierbestände erschütterte und durch die sich ein Spalt für den Blick auf das erkrankte Tier öffnete. Jäger*innen spielten eine wichtige Rolle für die Lokalisierung der Fuchsbauten, der Weitermeldung dieser an die Behörden sowie bei der Durchführung der Begasungen. Fuchsbauten grenzten manchmal an Flächen für Nutztiere; durch nicht erkannte Mündungen von Fuchsbauröhren auf diese Zonen konnte Giftgas entweichen und – unbeabsichtigt – den Gifttod bei Nutztieren hervorrufen.[42] Negative Erfahrungen im Zusammenhang von Unfällen solcher Art, ökologische Bedenken[43] hinsichtlich des Bedrohtseins anderer Wildtiere sowie Abscheu vor der Verwendung von Giftgas als Jagdmethode werden viel eher eine entscheidende Rolle für die ablehnende Haltung bei Jäger*innen gespielt haben als die Reduktion des Fuchsbestands, denn Abschussprämien wurden weiterhin befürwortet.[44] Die 1971

40 Kauker: *Tollwut in Mitteleuropa von 1953 bis 1966*, S. 226.

41 Vgl. Sonja Hartnack: Tierseuchenbekämpfung. In: Herwig Grimm / Carola Otterstedt (Hrsg.): *Das Tier an sich. Disziplinübergreifende Perspektiven für neue Wege im wissenschaftsbasierten Tierschutz*. Göttingen: Vandenhoeck & Ruprecht 2012, S. 347–359, hier S. 353; Daniela Haarmann / Kerstin Weich: Geschichte der Tiermedizin. In: Roland Borgards (Hrsg.): *Tiere. Kulturwissenschaftliches Handbuch*. Stuttgart: Metzler 2016, S. 149–159, hier S. 154.

42 Vgl. den Bericht eines Amtstierarztes, zit. in Schelthoff: *Tierseuchenbekämpfung*, S. 109–110.

43 In der Bundestagsdebatte vom 16.04.1964 wurde erklärt, „gegen alle in Jägerkreisen hier und da geäußerten ökologischen Bedenken Fuchs und Dachs [...] gegebenenfalls durch Begasung der Baue zu kürzen." (http://dipbt.bundestag.de/doc/btp/04/04123.pdf (Zugriff am 04.09.2018).)

44 „Nach Auffassung vieler Amtstierärzte kamen [...] die Begasungsaktionen in erster Linie durch die mangelnde Mitarbeit der Jägerschaft nicht zum richtigen

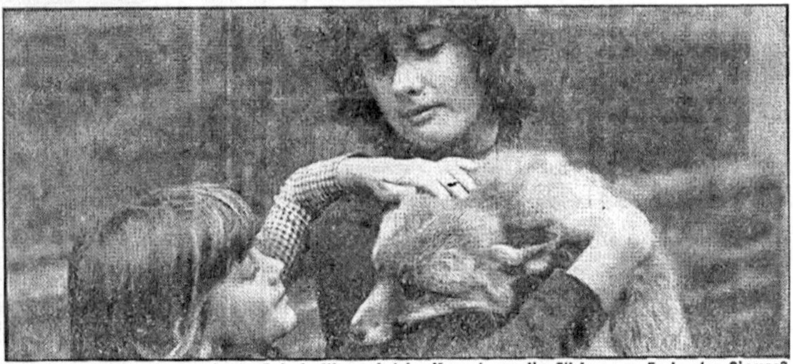

Des einen Freud, des anderen Feind: Wer wird im Kampf um die Füchse am Ende der Sieger?

Ist der Fuchs jetzt zum Tode verurteilt?

Von HERGEN SCHIMPF

Hamburg, 10. April

Der schlaue Fuchs ist nicht nur in Märchen und Kinderliedern der Übeltäter. Wenn früher dem Bauern eine Gans im Stall fehlte, war's der Fuchs. Wenn sich heute die auch für Menschen lebensgefährliche Tollwut immer mehr ausbreitet, dann ist wiederum ganz sicher der Fuchs schuld. Das haben Wissenschaftler bewiesen.

Daher soll Reineke Fuchs, der im Märchen immer dank seiner Schlauheit davonkommt, jetzt endgültig der Garaus gemacht werden. Vom Bonner Landwirtschaftsministerium auf Anraten der Weltgesundheitsorganisation beschlossen und verkündet: Wegen Verbreitung von Tollwut wird der Fuchs zum Tode verurteilt.

Das Urteil soll in diesen Wochen in jedem Fuchsbau vollstreckt werden.

Doch der Fuchs hat auch in unserer Zeit noch eine Chance. Ein Hamburger Rechtsanwalt hat beim Landgericht Lüneburg mit Erfolg gegen das ministerielle Todesurteil geklagt. Ergebnis:

Meister Fuchs bekommt „Hinrichtungsaufschub", bis endgültig geklärt ist, daß nur durch seine Ausrottung Menschen vor dem Tod durch Tollwut endgültig geschützt werden können.

Abb. 2: Hergen Schimpf: Ist der Fuchs jetzt zum Tode verurteilt?
In: *Bild*, 10.04.1971, S. 3.

eingereichte Klage eines Jägers und Rechtsanwalts beim Lüneburger Oberverwaltungsgericht erzielte ein vorübergehendes Verbot des bundesweiten Fuchsvergasens.[45] In den Medien schlug dieses gerichtliche Vorgehen Kreise und erweckte Sympathien für Füchse, die nunmehr als *Opfer der Furcht* vor Tollwut erschienen.[46]

„Des einen Freund, des anderen Feind: Wer wird im Kampf um die Füchse am Ende der Sieger?" (Abb. 2) Das so untertitelte Bild stellt den Fuchs als schutzbedürftigen Freund dar, der, auf gleicher Augenhöhe,

Erfolg. Der Bejagung der Füchse wurde vielfach der Vorzug gegeben." (Schelthoff: *Tierseuchenbekämpfung*, S. 112.)

45 Vgl. Walter Moll: *Taschenbuch für Umweltschutz*, Bd. 3: Ökologische Informationen. Berlin / Heidelberg: Springer 1980, S. 192.

46 „Vergasungsopfer Fuchs… aus Furcht vor Tollwut" ist der Untertitel des Fotos eines jungen Fuchses in: Tod im Tann. In: *Der Spiegel*, 18/1972, S. 175.

Körpernähe mit den Kindern teilt, gestreichelt und in den Arm genommen wird. Das Tier ist jung und harmlos und scheint sich geborgen zu fühlen. Die Augen blicken ernst. Bild und Text enthalten einen Appell zur Empathie mit einem unschuldigen Geschöpf. In dem gemeinsamen Augen-Blick der Kinder, bzw. der Betrachter*innen des Bildes, mit dem Fuchs ist dieser nicht Objekt der Gefahr, sondern Subjekt des Gefährdetseins. Im Text blitzt zudem eine Unsicherheit über das wissenschaftspolitische Diktat der Ausrottung auf:

> Wenn sich heute die auch für Menschen lebensgefährliche Tollwut immer mehr ausbreitet, dann ist wiederum ganz sicher der Fuchs schuld. Das haben Wissenschaftler bewiesen. [...] Vom Bonner Landwirtschaftsministerium auf Anraten der Weltgesundheitsorganisation beschlossen und verkündet: [...] Der Fuchs wird zum Tode verurteilt. [...] Meister Fuchs bekommt ‚Hinrichtungsaufschub', bis endgültig geklärt ist, dass nur durch seine Ausrottung Menschen durch den Tod durch Tollwut endgültig geschützt werden können.

Emotionen im Diskurs um Dezimierung bzw. Ausrottung lassen sich auch in Fachdiskursen detektieren. Der Umgang mit den Termini Ausrottung und Begasung deutet auf eine Befangenheit, so wird auch bei Befürworter*innen Vergasung häufig mit Begasung umschrieben und Ausrottung durch „teilweise" oder „weitgehende Ausrottung" abgeschwächt. Die reelle Bedrohung einer oder mehrerer Tierarten weckte Zweifel und Empörung angesichts der damaligen Praxis der Seuchenbekämpfung. Der Zoologe Hans Petzsch z. B. stellt der Episteme der klassischen Vektorbeseitigung entgegen, dass „die ungewöhnlich rigorosen veterinärpolizeilichen Verordnungen und Maßnahmen, die die – freilich beabsichtigte – absolute Ausrottung sämtlicher wildlebender Kleinraubsäuger in dem jeweils betroffenen Bezirk im Gefolge hätten"[47], einer wissenschaftlichen Antwort entsprächen, die obsolet sei. Er verwendet für das Tollwutvirusgeschehen die Metapher von einem „unterirdisch im Waldboden wuchernden und weit ausgebreiteten Pilzmycels, dessen Existenz uns nur unmittelbar durch die plötzlich über die Erdoberfläche emporschießenden Hutpilze als dessen Sporenträger [...] offensichtlich wird!"[48] Um 1970 ist in den Diskursen

47 Kuwert: Bemerkungen zur Epizootiologie, S. 183.

48 Hans Petzsch: Reflexionen eines Zoologen zum „Tollwut"-Problem. In: *Anzeiger für Schädlingskunde* 33,4 (1960), S. 56–59, hier S. 57. Diese Unsicherheit über die letzte Ordnung erinnert an die Metapher von Gilles Deleuze und Félix Guattari: „Wir bilden ein Rhizom mit unseren Viren, oder vielmehr, unsere Viren bringen uns

zunehmend Ablehnung, trotz gleichbleibender oder sogar zunehmender Tollwutfälle, zu vernehmen. Misstrauen in wissenschaftliche[49] und politische Modelle der Tollwutbekämpfung wird laut:

> Aber auch sonst sind die ökologischen Folgen des chemischen Stoßangriffs im deutschen Tann womöglich fatal. Schon jetzt ist abzusehen, daß sich in bundesdeutschen Wäldern nach der C-Waffen-Jagd anderes Getier drastisch vermehren wird.[50]

Eine Sensibilität für ein sogenanntes Gleichgewicht der Natur, bzw. eine Skepsis gegenüber künstlichen, d.h. menschlichen Eingriffen in die Natur, ist schon zu Beginn der silvatischen Problematik zu erkennen, als es zu einem Kollateralschaden der angeordneten „Liquidierung aller Füchse“[51] wegen Tollwut kam. Da ihr natürlicher Feind, der Fuchs, fehlte, „eröffneten die Mäuse ihren perfiden bakteriologischen Krieg“[52], es kam zu einem Ausbruch von Leptospirose. Anfang der 1950er Jahre herrschte eine Mentalität des Fatalismus, nach der „kein Mensch wissen kann, was für ein neumodischer Virus in seine Haut einsickert, während er die alten Seuchen mit Flinte, DDT-Spritze und Penicillin auszumerzen versucht.“[53] 20 Jahre später lassen sich Stimmen vernehmen, die ein moralisches Wohlwollen auch für potentiell gefährliche Tiere, die eben nur Leidträger einer Krankheit sind, andeuten. Gefördert wurden sie vermutlich durch eine neue emotionale Inklusion von Wildtieren, die in der Bundesrepublik in den 1960er Jahren mit dem Tierfilm begann und das Bewusstsein für den Reichtum der Tierwelt, aber auch das Bedrohungspotential durch den Menschen schärfte.[54]

dazu, ein Rhizom mit anderen Tieren zu bilden‘.“ (Zit. n. Ruth Mayer: „Bei Berührung Tod“. Virenthriller, Bioterrorismus und die Logik des Globalen. In: Dies./ Brigitte Weingart (Hrsg.): *Virus! Mutation einer Metapher*. Bielefeld: Transcript 2004, S. 209–229, hier S. 213.)

49 „So argumentierten Forscher am Max-Planck-Institut, dass den Füchsen damit die Chance genommen werde, Resistenz gegen die Tollwut zu entwickeln.“ (Tod im Tann. In: *Der Spiegel*, 18/1972, S. 175.)

50 Ebd.

51 Seuchen. Von Mäusen und Menschen. In: *Der Spiegel*, 38/1952, S. 10–11, hier S. 11.

52 Ebd.

53 Ebd.

54 Vgl. Jens Ivo Engels: Von der Sorge um die Tiere zur Sorge um die Umwelt. Tiersendungen als Umweltpolitik in Westdeutschland zwischen 1950 und 1980. In: *Archiv für Sozialgeschichte* 43 (2003), S. 297–323, hier S. 302.

Fazit

Krankheiten können aus unterschiedlichen Blickwinkeln, medizinisch, philosophisch, historisch, archäologisch, soziologisch usw., betrachtet werden. Der Fokus auf (die Genealogie) der mit Krankheiten einhergehenden Emotionen erweitert diesen Gesichtskreis. Die Hervorhebung der Emotionen Angst, Ekel und Hass während der silvatischen Tollwut ist insofern relevant, als es sich um subliminale Basisemotionen in der Konfrontation mit Zoonosen, einen Konnex zwischen Krankheit, Natur und Tieren, handelt. Angst ist die selbstverständlichste der Emotionen vor Tollwut, sie ist aber auch ein Instrument zur Manipulation der Risikoperzeption. Ekel gewährleistet Schutz vor Ansteckung und ist in der Lage, tief in die moralische Abwertung von Tieren einzugreifen. Hass kann sich – jenseits von Gefahrenabwehr – gegen die Existenzberechtigung kranker Tiere wenden und sich mit einer Lust am Töten verbinden. Dass der Fuchs sich trotz Tollwut und Fuchsbandwurm wieder rehabilitieren konnte, ist signifikant für sein Potenzial, Sympathien beim Menschen zu gewinnen. Tollwut soll weltweit bis 2030 ausgerottet werden. Dennoch bleibt es eher ein Wunsch, Krankheit und Zoonosen aus der Welt zu schaffen. Für den Menschen bedrohliche Infektionen, die immunologisch nicht durch eine Neutralisierung der ansteckenden Kraft im Tier entschärft werden können, sind real; die Komplexität viraler und bakterieller Phänomene überragt aktuelles Wissen. Emotionen werden weiterhin eine entscheidende Rolle im Umgang mit Zoonosen spielen und Konsequenzen für beide, Menschen und Tiere, haben.

Kranke Schweine im medialen Echo

Mirjam Schmitt

Die Afrikanische Schweinepest (ASP) ist eine Infektionskrankheit, an der sich ausschließlich ‚Wild-' oder ‚Hausschweine'[1] anstecken können. Im Jahr 2007 wurden erste Fälle in Georgien entdeckt. Über Russland kommend hielt das Virus 2014 Einzug in den Nordosten der Europäischen Union, 2017 in die Tschechische Republik.[2] In einem Forschungsbericht des Friedrich-Loeffler-Instituts (FLI) heißt es:

> Die klinischen Anzeichen sind häufig unspezifisch und umfassen hohes Fieber, Futterverweigerung, Atemprobleme, Diarrhoe, Blaufärbung der Haut, Festliegen und plötzliche Todesfälle. Trächtige Sauen können verferkeln. In wenigen Fällen wurden auch schwere Blutungen beobachtet.[3]

Mit einer beinahe hundertprozentigen Wahrscheinlichkeit stirbt ein an ASP erkranktes Schwein nach zwei bis zehn Tagen an den Folgen der Infektion. Tierversuche, in denen Wissenschaftler*innen Tiere mit dem Virus infizierten, führten bisher zwar zu Erkenntnissen über das Krankheitsbild, Diagnoseverfahren, Übertragungswege und Sterberaten, an Therapiemöglichkeiten oder einem Impfstoff mangelt

1 In der Sprache manifestiert sich die Kategorisierung von Tieren nach ihrem Nutzen für den Menschen. Sie verschleiert, entindividualisiert, stereotypisiert und wertet ab. Trotz dieses Bewusstseins wird im Folgenden auf die typographische Distanzierung verzichtet. Zur kulturellen Kategorisierung der Tiere siehe Roland Borgards (Hrsg.): *Tiere. Ein kulturwissenschaftliches Handbuch*. Stuttgart: Metzler 2016. Zur Bedeutung des Sprachgebrauchs innerhalb des Mensch-Tier-Verhältnisses vgl. Gabriela Kompatscher / Reingard Spannring / Karin Schachinger: *Human-Animal Studies. Eine Einführung für Studierende und Lehrende*. Münster / New York: UTB 2017, S. 48–54.

2 Vgl. Friedrich-Loeffler-Institut (Hrsg.): *Qualitative Risikobewertung zur Einschleppung der Afrikanischen Schweinepest aus Verbreitungsgebieten in Europa nach Deutschland*. Stand: 12.07.2017. https://www.fli.de/de/publikationen/risiko-bewertungen/ (Zugriff am 31.05.2018), S. 2. Auf Sardinien hat sich ASP allerdings bereits seit 1978 in Europa festgesetzt. Vgl. ebd., S. 16.

3 Sandra Blome / Martin Beer: Afrikanische Schweinepest. Eine hochgefährliche Seuche auf dem Vormarsch. In: Friedrich-Loeffler-Institut (Hrsg.): *Forschungsreport 2/2013*. Greifswald / Insel Riems: Friedrich-Loeffler-Institut 2017, S. 24–27. https://www.fli.de/fileadmin/FLI/Publikationen/Flyer/Schweinepest_ASP.pdf (Zugriff am 31.05.2018), hier S. 24.

es jedoch.[4] Sobald ein Hausschwein innerhalb eines Mastbetriebs erkrankt, werden alle Tiere, auch gesunde, getötet – eine ‚vorsorgliche' Maßnahme der Seuchenbekämpfung, die auch als Keulung bekannt ist.[5] Ähnliches gilt für Wildschweine, die Hausschweine potenziell anstecken können. Eingrenzungen von Wildschwein-Territorien durch Zäune, radikale Bejagung bis hin zur gebietsweisen Ausrottung der Tiere sind die Folge. Mit der Ankunft des Virus in Tschechien wurden aus Sorge um wirtschaftliche Einbußen Stimmen aus der deutschen Agrar- und Fleischindustrie – allen voran dem Deutschen Bauernverband – laut, die verschärfte Präventivmaßnahmen forderten, um eine Einschleppung des Virus zu verhindern.[6] Zeitgleich rückte ASP auf der Agenda der deutschen Medien nach oben.

Gedanken zum kranken (Wild-)Schwein – eine Einordnung

Den Ereignissen um ASP ist die Multidimensionalität tierlicher Pathologien eingeschrieben, die sich im Laufe der Kultur- und Gesellschaftsgeschichte in einem vielschichtigen Geflecht menschlicher Vorherrschaft über die Tiere entwickelt hat.[7] Hier betrifft sie zwei Gruppen, die von Menschen über Jahrtausende hinweg durch Domestikation geschaffen wurden, Wildtiere und Nutztiere. Der Begriff Krankheit unterliegt dabei divergierenden Erfahrungshorizonten: Ein frei lebendes Wildschwein dürfte nur in äußerst seltenen Fällen mit einer ärztlichen Behandlung in Berührung kommen – mit allen Vor- und Nachteilen. Ein Mastschwein hingegen erfährt sehr früh, wie sich der Stich einer prophylaktischen Spritze anfühlt. Er oder sie wird aber auch erfahren, wie sehr entzündete Klauen schmerzen, wie es sich anfühlt,

4 Friedrich-Loeffler-Institut (Hrsg.): *Qualitative Risikobewertung*, S. 21.

5 Bei den Massentötungen kommt es zu drastischen Missverhältnissen von kranken und gesunden Tieren. Vgl. Ulrich Exner: Die große Plage nähert sich Deutschland. In: *Die Welt*, 27.12.2018, S. 6.

6 Vgl. beispielsweise Julia Löhr: Bauernverband: 70 Prozent der Wildschweine abschießen. In: *FAZ*, 13.01.2018, S. 22.

7 David Nibert umreißt die Entwicklung menschlicher Gewaltherrschaft über die Tiere ausführlich von ihren Anfängen in der nomadischen ‚Weidewirtschaft' bis hin zum heutigen Zeitalter exzessiver ‚Fleischproduktion' und betrachtet sie dabei nicht nur als Grundlage der Gewaltherrschaft zwischen Menschen, sondern auch als Nährboden für Epidemien. Vgl. David A. Nibert: *Animal Oppression and Human Violence. Domesecration, Capitalism, and Global Conflict.* New York: Columbia UP 2013, S. 247–258.

wenn Krankheit in Relation zu einem Tauschwert definiert wird. Wenn für Hausschweine Ansteckungsgefahr von Wildschweinen ausgeht, werden letztere sehr schnell vom Regelwerk der Tierindustrie eingeholt, sie werden zu Objekten von Prävention und Behandlung. Der Umgang mit tierlichen Pathologien unterscheidet sich grundlegend von dem mit menschlichen. Im tierindustriellen Komplex,[8] der im 21. Jahrhundert über das Leben der großen Mehrheit der Tiere verfügt, verlagern sich Signifikanz und Relevanz von Krankheit zugunsten einer Kosten-Nutzen-Rechnung, nach der sich auch entsprechende Handlungsmaximen richten. In den Mastanlagen, Pelzfabriken und Versuchslaboren wechseln die Antagonistinnen namens Krankheit und Gesundheit die Seiten; die Genesung als ihre und des Individuums liebste Mittlerin bleibt ein verwehrtes Privileg.[9] Stattdessen orientieren sich die Attribute ‚krank' und ‚gesund' an einem flexiblen Konzept, in dem Diagnosen und Behandlung die tierlichen Patient*innen nicht als Subjekte fokussieren, sondern den Nutzen und Warenwert ihrer Körper. Als gesund gilt dort, wer zweckmäßig funktioniert und markttauglich ist. Krankheiten sind nur von Bedeutung, wenn sie menschliche Welten tangieren: Aus Furcht vor Zoonosen, Angst ums Kapital oder ästhetischen Empfindsamkeiten. Das gilt ebenso für Wildschweine: Ihre (potenziellen) Pathologien geraten angesichts von ASP rasch ins Visier einer Behandlung, nicht etwa ihres Wohlergehens wegen, sondern weil ein Ausbruch des Virus für wirtschaftliche Schäden in Milliardenhöhe sorgen würde. Innerhalb des tierindustriellen Systems, das sich ob seiner Grausamkeiten verstärkt durch eine konstruierte Andersartigkeit – und damit Anderswertigkeit – seiner Opfer legitimiert, ist der Umgang mit tierlichen Pathologien einer kalten, ökonomischen Logik unterworfen, vor der auch Wildtiere nicht gefeit sind.

8 Die Verwendung dieses von Barbara Noske geprägten, post-marxistischen Begriffs des tierindustriellen Komplexes, soll bewusst auf die Verschränkung der Ausbeutung tierlicher *und* menschlicher Körper sowie der Natur hinweisen. Zugleich verweist der Begriff auch auf die fortgeschrittene Verwebung und Durchdringung ganzer Branchen durch die Tierindustrie – von der Agrarindustrie bis zur Unterhaltungsindustrie. Barbara Noske: *Die Entfremdung der Lebewesen: die Ausbeutung im tierindustriellen Komplex und die gesellschaftliche Konstruktion von Speziesgrenzen*. Wien / Mühlheim an der Ruhr: Guthmann-Peterson 2008.

9 Im Kontext medizinischer, psychologischer oder kosmetischer Versuche löst sich der Gegensatz von Krankheit und Gesundheit für das Versuchstier gar vollständig auf.

Von kranken Schweinen in den Medien – eine Annäherung

Wild- und Mastschweine teilen sich eine Paradoxie: Beide Gruppen stehen in einem sehr ambivalenten Verhältnis zur Öffentlichkeit. Wildschweine bewohnen zwar einen öffentlichen Raum, in dem sie sich aber, anders als beispielsweise Hunde, dem Zugriff menschlicher Privatpersonen weitestgehend entziehen. Die Öffentlichkeit der Mastschweine ist von anderer, prekärer Art: An ihrem Fleisch (über-)nährt sich ein Großteil der menschlichen Bevölkerung, gleichzeitig bemüht man sich redlich, die Lebensrealität der Schweine aus dem öffentlichen Raum zu verbannen. (Potenzielle) Pathologien von Wild- oder Mastschweinen sind demnach erst dann Gegenstand öffentlicher und damit medialer Aufmerksamkeit, wenn sie menschliche Interessen betreffen oder gar bedrohen. Somit könnte man Carrie Freemans Beurteilung der medialen Repräsentation kranker Nutztiere auf Wildtiere ausweiten:

> Farmed animals typically appear to be the most newsworthy when they become problematic to humans and threaten our economic or physical health, not for their own sake. If diseases or anything else related to raising animals, cause animals to suffer, the news does not often make this suffering an issue.[10]

Auch wenn unter anderem die „aktuelle Vermittlung der ‚Welt der Tiere' in den Medien […] auf Sensation […] oder Verniedlichung und gnadenlose Vermenschlichung gerichtet"[11] ist, scheint Freemans mediale Diagnose hinsichtlich kranker Tiere Gültigkeit zu haben: Anders als in Geschichten um den Findelfrischling oder das flüchtige Mastschwein bleiben – wie noch gezeigt werden wird – kranke Wild- und Mastschweine in der realen wie der medialen Welt entindividualisiert, ihre Pathologien auf menschliche Bedeutungshorizonte reduziert. Kranke Tiere scheinen also im tierindustriellen Komplex wie in den Medien gleichermaßen einem besonders intensiven Anthropozentrismus und Speziesismus zu unterliegen, die eine Sensibilität für individuelles

10 Carrie P. Freeman: This Little Piggy Went to Press. The American News Media's Construction of Animals in Agriculture. In: Dies. / Núria Almiron / Matthew Cole (Hrsg.): *Critical Animal and Media Studies. Communication for Nonhuman Animal Advocacy.* New York / London: Routledge 2016, S. 169–184, hier S. 180.

11 Norbert Lang: Tiere und Tierschutz in den Medien. Mediensoziologische und medienethische Überlegungen. In: Helmut Geiger (Hrsg.): *Tiere in den Medien. Skandale – Tierschutz – Verantwortung.* Bad Boll: Evangelische Akademie Bad Boll 2003, S. 25–41, hier S. 32.

Leiden ersticken. Das macht sie aus kultur- und medienwissenschaftlicher Perspektive zu einem Forschungsgegenstand, anhand dessen sich sowohl nach der Gültigkeit dieser These als auch nach den Formen der Verflechtung von Tierindustrie und Medien fragen lässt.

Anthropozentrische und speziesistische Denkweisen bestehen aufgrund bestimmter sich selbst erhaltender und stützender Mechanismen, die in der fortgeschrittenen Normalisierung und Naturalisierung menschlicher Gewaltherrschaft über die Tiere sowohl in ihrer Produktion als auch in ihrer Rezeption oft unbemerkt bleiben.[12] Seit einigen Jahren engagieren sich insbesondere die Critical Animal and Media Studies dafür, diese Mechanismen im Sinne einer integrativen Tierethik aufzudecken, in ihren Wirkungsweisen zu analysieren und Lösungsansätze zu unterbreiten.[13] Diesem Impetus folgend soll eine Inhaltsanalyse der Berichterstattung der fünf größten deutschen Tageszeitungen über die potenzielle Einschleppung von ASP nach Deutschland die Frage beantworten, inwiefern Medienberichte über ASP speziesistische und anthropozentrische Denk- und Handlungsweisen im Umgang mit kranken Tieren beeinflussen.

Mit der methodischen Vorgehensweise einer inhaltlichen Analyse werden Medienartikel zur Schweinepest auf sechs Kriterien hin untersucht, mithilfe derer sich die Leitfrage beantworten lässt: (1) Thematisierung der Bedeutungsebene der Krankheit für die Tiere (Symptome, Krankheitsverlauf, Konsequenzen für die oder den Erkrankten etc.); (2) Darstellung der Interessen der kranken oder von Krankheit bedrohten Individuen; (3) sachliche Kritik am Umgang mit den kranken oder von Krankheit bedrohten Individuen und an den eingeleiteten Maßnahmen; (4) ethische Reflexion des Umgangs mit den kranken oder von Krankheit bedrohten Individuen und der eingeleiteten Maßnahmen; (5) sensibler Sprachgebrauch bezüglich des Leidens der Tiere; (6) Einhaltung journalistischer Qualitätsmerkmale (gründliche Recherche, korrekte und vollständige Darstellung des Sachverhalts und seiner

12 Dasselbe gilt für rassistische, sexistische, ableistische und andere Denkweisen, die zu Diskriminierung und Ausgrenzung von oder Gewalt an Anderen führen. Vgl. Debra L. Merskin: *Media, Minorities, and Meaning. A Critical Introduction*. New York: Lang 2011.

13 Lösungsansatz kann hier als Aufforderung zu einer Doppeldeutung verstanden werden und meint sowohl das Auflösen speziesistischer Mechanismen in ihrem Ansatz als auch das Entwickeln praktischer Lösungswege.

Gesamtzusammenhänge).[14] Insgesamt 48 Artikel aus verschiedenen Ressorts der Tageszeitungen *Bild*, *Die Welt*, *Frankfurter Allgemeine Zeitung* (*FAZ*), *Süddeutsche Zeitung* (*SZ*) und *Die Tageszeitung* (*taz*) wurden dazu im Zeitraum vom 1. Juni 2017 bis zum 15. April 2018 analysiert.[15] Da es sich um einen kleinen Ausschnitt der Berichterstattung handelt, wird die Analyse zu diesem Zeitpunkt als Ausgangspunkt für kultur- und medienwissenschaftliche Fragestellungen und Reflexionen betrachtet, die eine erste Orientierung für breitere Analysen geben können.

Eine Medienreise mit tierpolitischen Abgründen und trüben Lichtblicken

73 Prozent der analysierten Artikel konnten als klare Verstärker speziesistischer und anthropozentrischer Denk- und Handlungsweisen in Bezug auf kranke Schweine ausgewiesen werden. Die verbleibenden 27 Prozent setzen sich aus Artikeln zusammen, die mindestens eines der sechs definierten Kriterien erfüllen, in unterschiedlichen Graden also das Potenzial haben, den Status quo zu hinterfragen oder gar herauszufordern. Im Sinne einer Reise durch die mediale Landschaft sollen die Kriterien im Folgenden als Stationen gelten – Aussichtsplattformen ähnelnd –, von denen ausgehend sich Blickbezüge auf die umliegenden Stationen ergeben. Das fünfte Kriterium, das den Anthropozentrismus der Sprache beurteilt, wird sich dabei wie ein roter Faden abrollen,

14 Die Leitfrage ist angelehnt an eine Studie Carrie Freemans zur allgemeinen Darstellung von Nutztieren in den US-amerikanischen Medien (vgl. Freeman: This Little Piggy Went to Press). Die Kriterien wurden entsprechend der spezifischen Fragestellung der vorliegenden Studie angepasst. Auf ein zusätzliches Kriterium, das den Einsatz und die Wirkung von Bildern in diesem Zusammenhang befragt, wurde an dieser Stelle verzichtet.

15 Die Auswahl der Artikel erfolgte in Online-Datenbanken über die Schlagwörter „Afrikanische Schweinepest“, „Schweinepest“, „Hausschweine“, „Wildschweine“ und „Bejagung“. Nicht berücksichtigt wurden Regional-, Wochenend- und Online-Ausgaben sowie Beilagen (Magazine, Sonderhefte). Analysiert wurden nur Artikel, die das Thema „Afrikanische Schweinepest“ über eine bloße Erwähnung inhaltlich behandeln. Ausgeschlossen wurden Leserbriefe und Kurzmeldungen unter 350 Zeichen. Die Verteilung der so ausgewählten Artikel ergibt folgendes Agenda-Ranking: *taz* – 17 Artikel, *Die Welt* – 14 Artikel, *FAZ* – 9 Artikel, *SZ* – 5 Artikel, *Bild* – 3 Artikel.

indem abwertende, distanzierende, verharmlosende oder verschleiernde Begriffe in Zitaten kursiv gesetzt werden.[16]
An der ersten Station gibt es nur sehr wenig Erfreuliches zu sehen: Lediglich in drei Artikeln erfahren die Leser*innen, was ASP als Krankheit aus der Perspektive der Schweine bedeutet. *Die Welt* schreibt: „Sie sterben an inneren Blutungen. Ein qualvoller Tod."[17] Ein Artikel der *taz* beschreibt die Symptome etwas ausführlicher mit diesen Worten:

> Wenn ein europäisches Schwein mit dem ASP-Virus infiziert ist, stirbt es nach zehn, zwölf Tagen. Einige Tage nach der Ansteckung bekommen die Tiere Fieber, sind abgeschlagen, *fressen* nicht mehr, haben Durchfall und leiden unter Bindehautentzündungen.[18]

Der dritte im Bunde ist ein Artikel der *FAZ*: Schon der Titel „Wie Ebola für den Menschen" öffnet eine verbindende Tür zwischen menschlichen und tierlichen Pathologien und führt dies fort: „Die Seuche ist für sie etwa wie Ebola für den Menschen, erzeugt hohes Fieber, große Schmerzen und endet fast immer mit dem Tod."[19] Repräsentativer als diese Ausnahmebeispiele sind Artikel mit klarem Framing im Bereich der Fleisch-, Agrar- und Forstwirtschaft, das sich beeilt, ASP als für den Menschen ungefährlich zu erklären.[20] Hinzu kommen Vorzeichen verkehrende Schlussfolgerungen wie diese hier: „Medikamente oder eine Impfung gibt es nicht – zum Leidwesen all jener Bauern, die ihr Geld mit der *Schweinezucht* verdienen",[21] oder Bagatellisierungen: „Für das Schwein ist die Qual schnell vorbei. Wenn sich ein Tier mit der Afrikanischen Schweinepest infiziert hat, stirbt es meist binnen weniger Tage."[22]

16 Vgl. Kompatscher / Spannring / Schachinger: *Human-Animal Studies*, S. 48–54.

17 Antje Hildebrandt: Frau gegen Sau. In: *Die Welt*, 07.03.2018, S. 26.

18 Ulrike Fokken: Die Angst der Bauern vor der Afrikanischen Schweinepest. In: *taz*, 30.01.2018, S. 5 (Herv. M. S.).

19 Markus Wehner: Wie Ebola für den Menschen. In: *FAZ*, 24.01.2018, S. 7.

20 Wie unterschiedlich die Gesundheit innerhalb nichtmenschlicher Spezies bewertet wird, zeigt im Übrigen die *taz*. Sie bemüht sich, ‚des Menschen bestem Freund' die Ehre zu erweisen, wenn sie schreibt: „Eine Ansteckungsgefahr für Menschen oder Hunde besteht nicht." (Marco Carini: Das Ende der Schonzeit. In: *taz*, 15.01.2018, S. 25.)

21 Julia Löhr: Bauernverband: 70 Prozent der Wildschweine abschießen. In: *FAZ*, 13.01.2018, S. 22 (Herv. M. S.).

22 Katrin Blawat: Virus in der Schinkensemmel. In: *SZ*, 27.12.2017, S. 14. An dieser Stelle sei daran erinnert, das an ASP erkrankte Schweine bis zu zehn Tage unter schmerzhaften Symptomen leiden, bevor sie dem Virus erliegen.

Der Ausblick von der zweiten Station ist noch düsterer als der erste: Die Darstellung der Interessen (potenziell) kranker Tiere hat sich in einen einzelnen, versteckten, aber scharfkantigen Winkel des satirischen Kommentars verkrochen, der über einen Verhandlungstisch phantasiert, an dem sich Menschen, Mastschweine und Wildschweine die Herrschaft über den Diskurs um ASP teilen, und fragt: „Wer ist aber betroffener als die Schweine selbst? Niemand – und so wurden erstmals auch die Abordnungen der Schweine zum Krisengipfel geladen.“[23] Was wiederum zu folgender Vorstellung führt:

> Die Schweinebarone betrachten die Gipfelabordnungen ihrer Zöglinge argwöhnisch, denn was, wenn sich die Schweinevertretungen zusammentun und die längst überfällige Selbstverwaltung der *Schweinemastbetriebe* fordern? Dazu die Abschaffung der Residenzpflicht und freie Futterwahl?[24]

Ob die kritischen Anspielungen auf die Flüchtlings- und Asylpolitik als ein bewusster oder unbewusster Querverweis zu anderen Aus- und Abgrenzungsverfahren wie Rassismus und Nationalismus gelten können, ist einerlei. Kein anderer Artikel unternimmt den Versuch, sich den Interessen und Bedürfnissen der Schweine zu nähern.

Fällt der Blick nun bei einer dritten Station auf die Kritikfähigkeit der Medien auf der Sachebene, setzt kaum jemand darauf, die Forderungen und Maßnahmen der Fleisch- und Agrarwirtschaft auf Angemessenheit und Sinnhaftigkeit zu befragen. Eine der umstrittensten Präventivmaßnahmen macht sich die *FAZ* zur Schlagzeile: „Bauernverband: 70 Prozent der Wildschweine abschießen“.[25] Die Gründe für diese Forderung werden in einem sporadischen Zitat erläutert: „Eine intelligente Reduzierung des Wildschweinbestandes spielt eine zentrale Rolle bei der Prävention.“[26] Die Forderung des Bauernverbands ist nicht nur ethisch höchst problematisch, sie begibt sich auch sachlich argumentativ aufs Glatteis – und mit ihr der Medienbericht, der sie als unhinterfragte Gegebenheit stehen lässt. Denn keine der „Handlungsoptionen“ der Risikobewertung des FLI empfiehlt die radikale Bejagung der Wildschweine als Prävention.[27] Gesetzt werden solle auf die „Entwicklung

23 Kriki: Schweine in Angst. In: *taz*, 26.01.2018, S. 20.

24 Ebd.

25 Löhr: Bauernverband: 70 Prozent der Wildschweine abschießen.

26 Ebd.

27 Friedrich-Loeffler-Institut (Hrsg.): *Qualitative Risikobewertung*, S. 45–46.

von Strategien zur Senkung der Wildschweinpopulationsdichte, die nicht das Risiko einer ASP-Verbreitung erhöhen".[28] Denn abgesehen davon, dass „die Reduzierung der Population durch verstärkte Bejagung"[29] sowohl nahezu unmöglich[30] als auch „wenig erfolgreich" bei der Eindämmung des Virus ist,[31] haben Forschungen nicht nur gezeigt, dass es keinen Zusammenhang zwischen Wildschweindichte und ASP-Meldungen gibt,[32] sondern warnen auch vor einer Verbreitung der ASP gerade durch die Jagd.[33] Keiner der ausgewerteten Medienberichte schenkt diesem Diskurs in seiner Gänze Beachtung. Im Gegenteil: Die starke thematische Gewichtung auf die Jagd suggeriert, die Tötung von geschätzt 1,4 Millionen Wildschweinen – das entspricht 70 Prozent der Population – sei essentiell, um ASP abzuwenden.[34] Nur zwei Artikel stellen solche vereinfachenden Darstellungsweisen seitens der Tierindustrie in Frage. Ein *taz*-Artikel diskutiert die komplexen und nicht unumstrittenen Konsequenzen bestimmter Jagdstrategien.[35] Konkreter und gründlicher wird es in einem Artikel der *Welt*:

> 70 Prozent, die Zahl sei unglücklich gewählt, sagt Martinsohn. Sie stamme aus einer Modellrechnung der European Food Safety Agency für den Fall, dass die Seuche schon ausgebrochen sei. Danach müssten 70 Prozent der Wildschweine im Kerngebiet *dezimiert* werden, um ein weiteres Übergreifen der Seuche zu verhindern.[36]

Wenn es um die sachliche Kritik schlecht bestellt ist, wie steht es dann, bei der vierten Station, um ethische Reflektionen über die Ereignisse um ASP? Lediglich sieben Artikel sprechen eine ethische Dimension des Themas vage an. So beleuchten zwei Artikel Folgen und Schäden

28 Friedrich-Loeffler-Institut (Hrsg.): *Qualitative Risikobewertung*, S. 46.

29 Ebd., S. 13.

30 European Food Safety Authority (Hrsg.): Evaluation of Possible Mitigation Measures to Prevent Introduction and Spread of African Swine Fever Virus through Wild Boar. In: *EFSA Journal*, 17.03.2014. https://efsa.onlinelibrary.wiley.com/doi/10.2903/j.efsa.2014.3616 (Zugriff am 31.05.2018), S. 2.

31 Friedrich-Loeffler-Institut (Hrsg.): *Qualitative Risikobewertung*, S. 13.

32 Ebd., S. 9.

33 European Food Safety Authority (Hrsg.): Evaluation of Possible Mitigation Measures, S. 2.

34 Zu Schätzungen zur Anzahl der in Deutschland lebenden Wildschweine vgl. Friedrich-Loeffler-Institut (Hrsg.): *Qualitative Risikobewertung*, S. 40.

35 Vgl. Ulrike Fokken: Im Fadenkreuz. In: *taz*, 30.01.2018, S. 5.

36 Hildebrandt: Frau gegen Sau (Herv. M. S.).

für die Schweineindustrie und Betriebe bzw. eingeleitete Vorbeugemaßnahmen in der Jagd auf Wildschweine ausführlich, in ethischen Belangen bleibt es jedoch bei der Erwähnung von „ethisch enorm schwierige[n] Fragen“[37] eben mit diesen spärlichen Worten.[38] Der *Welt*-Artikel „Frau gegen Sau“ verbindet dagegen die sachliche mit der ethischen Kritik:

> Sie [die Jäger*innen, M.S.] sollen, so hat es der Deutsche Bauernverband gefordert, 70 Prozent der Wildschweine *erlegen*. Dabei wird das tödliche Virus in erster Linie von Menschen verbreitet, genauer durch Lkws [sic] und ihre Fahrer, die aus Richtung Osten kommen. 90 Kilometer schaffen sie pro Stunde, das Wildschwein kommt nur auf 25 Kilometer im Jahr. Aber was zählt so ein Argument, wenn es um die Existenz eines ganzen Industriezweigs geht, um Deutschlands Stellung als drittgrößter Schweine-Exporteur der Welt?[39]

In der *taz* üben drei satirische Kommentare leise ethische Kritik am Umgang mit (potenziell) kranken Schweinen: auf ironische Art stellen sie der Jagd Alternativen gegenüber[40] oder klagen „Qualhaltung“ und „Schweinequäler“ mit sprachlichen Mitteln an.[41] Nur ein Artikel lässt einen Tierrechtler zu ethischen Problematiken Stellung nehmen:

> ‚Der *Abschuss* ist ethisch stark verwerflich‘, sagt Peter Höffken, Fachreferent für Wildtiere von der Tierrechtsorganisation Peta. [...] ‚Hier sterben Wildschweine, damit die *Massentierhaltung* weiterlaufen kann‘, verurteilt er die *Abschüsse*, die nur den Interessen von konventionellen Bauern dienen würden.[42]

Ein Sprung zur letzten Station dieser Reise durch die Medienlandschaft – der Anthropozentrismus der Sprache war und ist ständiger Begleiter – führt zur Qualität des Journalismus. Je höher die journalistische Qualität – gemessen an gewissenhafter Recherche, korrekten Fakten, perspektivisch ausgewogener Darstellung und in Gesamtzusammenhänge eingebetteten Informationen –, umso weniger greifen Mechanismen, die speziesistische Denk- und Handlungsweisen bestärken. Acht Artikel, von denen einige bereits positiv erwähnt

37 Ulrich Exner: Die große Plage nähert sich Deutschland. In: *Die Welt*, 27.12.2017, S.6.

38 Zum zweiten Artikel vgl. Matthias Hoenig: Habecks Kampf gegen die Schweinepest. In: *Die Welt*, 13.01.2018, S.60.

39 Hildebrandt: Frau gegen Sau (Herv. M.S.).

40 Vgl. Pillen statt Kugeln. In: taz, 27.02.2018, S.25.

41 Mmmmh ... Wildschwein! In: *taz*, 26.01.2018, S.26.

42 Lukas Dörrie: Drück ab, wenn du ein Wildschwein siehst. In: *taz*, 22.12.2017, S.8 (Herv. M.S.).

wurden, kamen diesen teils im Pressekodex selbstauferlegten Qualitätsansprüchen nach:[43] u. a. „Frau gegen Sau", „Die Angst der Bauern vor der Afrikanischen Schweinepest" und „Drück ab, wenn du ein Wildschwein siehst". Neben diesen verzichten noch andere auf den Tenor der Forderungen von Fleisch- und Agrarlobby und stellen Sachverhalte wie Übertragungswege der Krankheit korrekt dar[44] oder weisen sich als multiperspektivisch aus, sodass Meinungen und Interessen in ein ausgewogenes Verhältnis gebracht und Gesamtzusammenhänge sichtbar werden. So zitiert die *SZ* zu den Forderungen nach intensiver Jagd:

> ‚Der Ruf nach Jagd in Naturschutzgebieten ist purer Aktionismus und lenkt von den Ursachen der großen Bestandsdichte von Wildschweinen ab', sagte Moritz Klose, Wildtierexperte beim WWF Deutschland.[45]

Die positiven Beispiele, die hier aufgegriffen wurden, sollten jedoch nicht über die Zahlen hinwegtäuschen: Von 48 Artikeln erfüllten lediglich acht nur ein Kriterium, drei Artikel kamen zwei Kriterien nach, ein Artikel dreien und ein letzter fünfen.

Schlussgedanke

Die Analyse eines Ausschnitts der ASP-Berichterstattung hat gezeigt, dass über Ursachen, Zusammenhänge, Konsequenzen und zahlreiche ethische Problematiken im Hinblick auf (kranke) Tiere in unserer (Industrie-)Gesellschaft geschwiegen oder unzureichend berichtet wird. Die mediale Präsenz des kranken Schweins als solchem besteht vor allem in seiner Abwesenheit: Ein krankes Schwein hat in den Medien ebenso wenig Platz wie in der grausamen Realität der Industrie und den von ihr annektierten Wäldern. Der tierindustrielle Komplex scheint auch die Medien annektiert zu haben.

Deren Annektierung durch mächtige politische wie ökonomische Interessenlager findet überall dort statt, wo es um Herrschaftsverhältnisse und damit verbundene Profite geht – Tiere sind dabei eine Gruppe von vielen, der Speziesismus ist eines der tiefgreifendsten und hartnäckigsten Systeme des *Othering*. Für den Erhalt des Speziesismus

43 Vgl. Trägerverein des Deutschen Presserats e. V.: *Der Pressekodex*. http://www.presserat.de/pressekodex/pressekodex/ (Zugriff am 23.07.2018).

44 Vgl. Schweinepest weiter ein großes Risiko. In: *Die Welt*, 10.01.2018, S. 35.

45 Markus Balser: Angst an der Grenze. In: *SZ*, 13.01.2017, S. 30.

und anderer ‚-ismen' zeichnen Medien mitverantwortlich, wenn sie sie als Normalitäten behandeln. Debra Merskin schreibt:

> Problems associated with racism, sexism, ageism, and other 'isms' clearly exist, are persistent, consistent, and corroborated in many forms of mass media and popular culture. [...] [T]he media [are] the most powerful arbiters of racial, ethnic, and gender identity and inequity.[46]

Arbiter verweist dabei auf eine Wirkungsmacht der Medien, die auch ein gegenteiliges Potenzial in sich trägt: den Status quo zu hinterfragen. Auch wenn die Vorstellung einer ernstlich aufklärerisch-kritischen Medienwelt utopisch erscheinen mag – sie ist denkbar. Und sie muss unermüdlich – auch in der Wissenschaft – gefordert werden.

46 Merskin: *Media, Minorities, and Meaning*, S. xiv.

Qualzucht bei Haustierrassen

Veterinärmedizinische Argumente und ethische Annäherung

Clemens Wustmans / Thorsten M. Kramer

Sobald in der züchterischen Bearbeitung von nichtmenschlichen Tieren der Fokus auf einige wenige Merkmale gelegt wird und über viele Jahre auf diese selektiert wurde, entsteht ein Ungleichgewicht: Die Gefahr von durch den Menschen geschaffenem Tierleid und damit einhergehend dem Entstehen einer Qualzucht ist gegeben. Zugleich führt der Gedanke an kranke Tiere jene domestizierten Tiere in den Blick, die nicht als Nutz-, sondern als Haustiere im menschlichen Nahbereich leben: Wer nicht gerade in Landwirtschaft oder Zoo arbeitet oder im Reitsport aktiv ist, denkt wohl meist an Hund und Katze, wenn es um den Besuch bei Tierärztin oder Tierarzt geht. Doch auch die stärker systematische Thematisierung von Qualzüchtungen kommt in diesem Feld zum Tragen, das zumindest in den Industrieländern des globalen Nordens wohl den Regelfall der tatsächlichen Mensch-Tier-Beziehung darstellt, nämlich dem Miteinander von Menschen und Haustieren (die im vorliegenden Text im Sinne von Heimtieren verstanden werden).
Der vorliegende Text will einen Beitrag zu dieser Diskussion liefern, indem er die Qualzucht bei Haustierrassen thematisiert. Auswirkungen und Bedeutung des Phänomens lassen sich exemplarisch sehr gut anhand der Perserkatze darstellen, wenngleich bspw. mit der Französischen Bulldogge mit ähnlichen Problemen oder dem Englischen Widderkaninchen mit grotesk langen Hängeohren als markantem Zuchtziel weitere Beispiele recht bekannt sind. Die Diskussion des Qualzucht-Begriffs bei Perserkatzen dient im Folgenden exemplarisch dazu, sich der grundsätzlichen Schwierigkeit ethischer Urteilsbildung im Kontext der Haustierhaltung anzunähern und ihr neue Chancen zu eröffnen. Hierzu soll das Fallbeispiel zunächst in seiner veterinärmedizinischen Dimension umrissen werden.

Veterinärmedizinische Erkenntnisse zur Perserkatze als brachyzephaler Katzenrasse

Unter dem Begriff der Qualzucht wird aus veterinärmedizinischer Perspektive die Verpaarung von Wirbeltieren verstanden, bei der damit gerechnet werden muss, dass die Nachkommen eine erhebliche Beeinträchtigung von Körperteilen oder Organen haben oder durch die züchterische Veränderung Schmerzen, Leiden oder Schäden erhalten.[1] In §11b des deutschen Tierschutzgesetzes wird dazu ausgeführt, dass, auch wenn der Begriff nicht verwendet wird, ebenso jene Tiere unter den Begriff der Qualzucht fallen, bei denen es aufgrund von Leiden zu Verhaltensstörungen kommt oder deren Haltung nur unter Schmerzen respektive vermeidbaren Leiden oder Schäden möglich ist.[2] Gerade bei der Katzenrasse der Perserkatze bestehen einige Zuchtmerkmale, die im Hinblick auf den oben erwähnten Paragraphen des Tierschutzgesetzes zu beurteilen sind.

Zu diesen Merkmalen gehört eine besondere Langhaarigkeit. Bei Katzen dieser Rasse kann es dadurch zu einer Beeinträchtigung der Thermoregulation kommen; bei mangelnder Pflege bekommen diese Katzen außerdem schnell Hautekzeme.[3]

Ein weiteres tierschutzrelevantes Merkmal ist die Brachyzephalie. Darunter versteht man eine massive Deformation der Kopfform der Tiere; sie weisen einen breiten und runden Kopf mit gleichzeitiger Verkürzung des Gesichtsschädels auf, der Hirnschädel ist deutlich aufgewölbt (der sogenannte ‚Apfelkopf') und die Augen sind fast primatenähnlich frontal angeordnet. Darüber hinaus sind für diese Tiere sehr große Augen in flachen Augenhöhlen und eine sehr kurze und breite Nase charakteristisch.[4]

1 Sachverständigengruppe Tierschutz und Heimtierzucht: Gutachten zur Auslegung von § 11b des Tierschutzgesetzes (Verbot von Qualzüchtungen) (2005). In: *Bundesministerium für Ernährung und Landwirtschaft.* https://www.bmel.de/SharedDocs/Downloads/Tier/Tierschutz/GutachtenLeitlinien/Qualzucht.pdf?__blob=publicationFile (Zugriff am 22.08.2018).

2 § 11 Tierschutzgesetz. https://dejure.org/gesetze/TierSchG/11.html (Zugriff am 30.05.2018).

3 Andreas Steiger / Flurina Stucki / Nicole Peyer / Petra Keller: Zur Beurteilung von Tierschutzaspekten bei Extremzuchten von Hunden und Katzen. In: *Schweizer Archiv für Tierheilkunde* 150,5 (2008), S. 217–225.

4 Sachverständigengruppe Tierschutz und Heimtierzucht: Gutachten zur Auslegung von § 11b des Tierschutzgesetzes.

Durch die forcierte Zucht auf die Brachyzephalie soll bei den adulten Tieren ein welpenhaftes Aussehen zeitlebens erhalten bleiben. Durch die sehr großen Augen, eine hohe Stirnpartie und eine kleine Nase entsprechen diese Tiere dann dem Kindchenschema, welches von den Besitzern als ‚süß' oder ‚niedlich' empfunden wird.[5] Aufgrund der ausgefallenen Kopfform zeigen betroffene Tiere eine gesteigerte Schwergeburtenrate[6] und auch eine Beeinträchtigung des Verhaltens, beispielsweise bei der Jungenpflege oder auch der Nahrungs- bzw. Wasseraufnahme. Durch das stark abgeflachte Gesichtsfeld müssen die Katzen das Gesicht sehr steil Richtung Nahrungsquelle winkeln. Dies erschwert die physiologische Nahrungsaufnahme und häufig muss durch speziell angepasste Näpfe, wie Trinkbrunnen, Abhilfe geschaffen werden.

In Deutschland haben sich unter den Perserkatzenzüchter*innen zwei Zuchtlinien gebildet, in denen die Selektion auf einen brachyzephalen Gesichtsschädel und die züchterische Bearbeitung der Nase unterschiedlich stark betont werden. Unter den sogenannten Doll-Face-Perserkatzen ist das ursprünglichere Zuchtideal der Perserkatze gemeint. Diese haben eine verkürzte Nase im Vergleich zu anderen Katzen, während zugleich ein proportionierter Gesichtsschädel bewahrt werden soll. Durch den Druck, der vor allem durch internationale Rasseschau-Ausstellungen und den dortigen Erfolg immer extremer gezüchteter Tiere empfunden wird, hat sich in den vergangenen Jahren die Zucht der sogenannten Peke-face-Perserkatzen in Deutschland etabliert.[7] Bei diesen Tieren ist der obere Teil des Nasenspiegels höher

5 Regina Binder / Rupert Palme / Irene Sommerfeld-Stur / Johannes Baumgartner / Knut Niebuhr / Katrina Zaludik / Helmut Bartussek / Susanne Waiblinger / Martin Reifinger / Anna Kübber-Heiss / Alexander Rabitsch / Michael Gneist / Josef Troxler: Tierschutz in Österreich: Grundkonzepte der Tierethik, rechtliche Rahmenbedingungen und ausgewählte Schwerpunkte der Tierschutzforschung. In: *Veterinary Medicine Austria / Wiener Tierärztliche Monatsschrift* 91, Suppl. 1 (2004), S. 44–58, hier S. 48.

6 Sachverständigengruppe Tierschutz und Heimtierzucht: Gutachten zur Auslegung von § 11b des Tierschutzgesetzes.

7 Martin Jürgen Schmidt / Marian Kampschulte / Sylke Enderlein / Daniela Gorgas / Johann Lang / Eberhard Ludewig / Andrea Fischer / Andrea Meyer-Lindenberg / Andreas R. Schaubmar / Klaus Failing / Nele Ondreka: The Relationship between Brachecyphalic Head Features in Modern Persian Cats and Dysmorphologies of the Skull and Internal Hydrocephalus. In: *Journal of Veterinary Internal Medicine* 31 (2017), S. 1487–1501, hier S. 1487.

als der Rand des unteren Augenlids.[8] Durch diese starke züchterische Bearbeitung kommt es insgesamt zu einer Disproportion zwischen Gesichts- und Hirnschädel, zu Wachstumshemmungen und es kann zu einem Abknicken der Schädelbasis führen.[9]
Neben den bisher beschriebenen tierschutzkritisch zu betrachtenden Zuchtzielen, gibt es weitere hereditäre Merkmale oder Rassedispositionen, die aufgrund der Zucht entstanden sind; so findet man beispielsweise bei Perserkatzen häufig einwärts gedrehte Augenlider oder feline Hornhautnekrosen.[10] Das rassetypische Aussehen der Perserkatze ist vor allem auf die züchterisch herbeigeführte Brachyzephalie zurückzuführen; da dieses Merkmal auf eine sehr extreme Weise herausgezüchtet wurde, zeigen die Tiere verschiedene gesundheitliche Beeinträchtigungen in Bezug auf dieses Merkmal, die unter dem Begriff des brachyzephalen Syndroms zusammengefasst werden. Tiere mit einem brachyzephalen Syndrom weisen mitunter starke Deformationen an den oberen Atemwegen, den Augen, dem Gehirn oder dem Gebiss auf.[11] Durch die Deformationen der Atemwege leiden die Tiere unter einer Beeinträchtigung der Atemfunktion;[12] die Nase kann ihren physiologischen Aufgaben nicht mehr ausreichend nachgehen. Durch die Verkürzung der Nase um mehr als zwei Drittel im Vergleich zu einer ‚normal' gebauten Nase[13] beginnen die anatomischen Veränderungen bereits am Naseneingang: Die im Nasenvorhof befindliche Flügelfalte kann sich nicht richtig entfalten, es kommt zu einer ersten Beeinträchtigung des Luftweges.[14]

8 Steiger / Stucki / Peyer / Keller: Zur Beurteilung von Tierschutzaspekten bei Extremzuchten.

9 Sachverständigengruppe Tierschutz und Heimtierzucht: Gutachten zur Auslegung von § 11b des Tierschutzgesetzes.

10 Franz C. Stades / Willy Neumann / Michael H. Boeve / Bernhard Spiess / Milton Wyman: *Praktische Augenheilkunde für den Tierarzt*. Hannover: Schlütersche 1996, S. 147–149, hier S. 147.

11 Gerhard U. Oechtering: Wenn Menschen Tiere verformen. Ein Ruf nach mehr Qualitätskontrolle in der Hundezucht. In: *Deutsches Tierärzteblatt*, 1/2013, S. 18–23.

12 Thekla H. Oechtering / Gerhard U. Oechtering / Claudia Noeller: Strukturelle Besonderheiten der Nase brachyzephaler Hunderassen in der Computertomographie. In: *Tierärztliche Praxis* 35 (2007), S. 177–187.

13 Ebd.

14 Gerhard U. Oechtering / Charlotte Schlüter / Johanna Lippert: Brachyzephalie bei Hund und Katze – eine „menschgemachte" Obstruktion der oberen Atemwege. In: *Pneumologie* 67,7 (2017), S. 450–452.

Zu den physiologischen Funktionen der Nase gehören neben der Zustromregulierung der Atemluft weitere Aufgaben. Sie erwärmt die Atemluft auf Körpertemperatur, was besonders bei sehr hohen bzw. niedrigen Temperaturen essentiell ist, sie sättigt die Luft mit Wasserdampf, damit die Alveolen in der Lunge nicht beschädigt werden. Die Nase ist mittels des respiratorischen Epithels für die Reinigung der Atemluft verantwortlich, ebenso befindet sich in ihr das Geruchsorgan zur olfaktorischen Beurteilung der Atemluft.[15] Da bei der Perserkatze und anderen brachyzephalen Tieren die Nase extrem verkleinert und züchterisch verändert wurde, ist die Nase in der Ausübung dieser Aufgaben stark beeinträchtigt, was auf Gesundheit und Wohlbefinden der Tiere Auswirkungen haben kann. Da Hunde und Katzen kaum oder gar nicht schwitzen können, wird die Nase für die Regulation der Körperwärme benötigt, da über die Nasenschleimhaut Wärme durch Verdunstung abgegeben werden kann. Bei brachyzephalen Tieren ist diese Möglichkeit der Wärmeabgabe eingeschränkt, wodurch die Tiere sehr wärmeempfindlich werden und erste Probleme bereits bei Zimmertemperatur auftreten können. So fangen beispielsweise betroffene Hunde bei niedrigen Temperaturen und ohne Belastung an zu hecheln und brauchen, wie andere brachyzephale Tiere, nach körperlicher Betätigung um ein Vielfaches längere Erholungsphasen als Tiere mit einer ‚normalen' Nase.[16]

Bei Katzen mit einer anatomisch ‚normal' gebauten Nase befinden sich in dieser die Nasenmuscheln: knöcherne Strukturen innerhalb der Nase, die unter anderem die Zuströme in der Nase begrenzen. Durch die starke Verkürzung der Nase sind die Nasenmuscheln der Perserkatze absolut zu groß geworden (Knochenhyperthropie), werden in Richtung des Schwanzes verlagert und können miteinander verwachsen und so den Luftgang weiter drastisch verengen.[17] Auch sind neben den knöchernen Strukturen die Gewebestrukturen im Nasen-Rachenraum im Verhältnis zu dem vorgegebenen Platz absolut zu groß, so weisen viele Perserkatzen ein verlängertes Gaumensegel auf.[18]

15 Franz-Viktor Salomon / Hans Geyer / Uwe Gille (Hrsg.): *Anatomie für die Tiermedizin*. Stuttgart: Enke 2015, S. 325–365, hier S. 325.

16 Gerhard U. Oechtering: Das Brachyzephalensyndrom. Neue Informationen zu einer alten Erbkrankheit. In: *veterinary focus* 20,2 (2010), S. 2–9.

17 Oechtering: Wenn Menschen Tiere verformen.

18 Wilfried Kraft / Ulrich M. Dürr / Dietrich Bomhard (Hrsg.): *Katzenkrankheiten. Klinik und Therapie*. Hannover: Schaper 2003, S. 652.

Da die Perserkatze durch die oben aufgeführten Probleme eine deutliche Einschränkung des Luftweges hat, ist ein erhöhter Atemwiderstand erforderlich, um dennoch ausreichend Sauerstoff in die Lunge zu transportieren. Um diesen erhöhten Atemwiderstand zu erzeugen, muss das Tier einen größeren Unterdruck aufbauen. Hierdurch kommt es zu einer langfristigen Überbeanspruchung des Gewebes, was die rassetypischen Atemgeräusche entstehen lässt.[19] Weiter kommt es durch die Überbeanspruchung zu Entzündungen oder Ödematisierungen des Gewebes,[20] wodurch die Symptomatik des brachyzephalen Syndroms nochmals verstärkt wird.
Perserkatzen leiden häufig unter Atemnot, weil eine ausreichende Sauerstoffversorgung des Organismus lebensnotwendig ist und es einen angeborenen Atemreflex gibt.[21] Diese Not kann sich unter ungünstigen Bedingungen auch zu panischen Erstickungsanfällen steigern. Da die Tiere permanent damit beschäftigt sind, eine ausreichende Sauerstoffversorgung zu gewährleisten, und der Körper dadurch unter einer erhöhten Dauerbelastung steht, leiden sie zusätzlich unter einer verminderten Leistungs- und Stresstoleranz.[22] Gerade wenn ein brachyzephales Tier zur Ruhe kommt und schlafen möchte, verschlimmern sich die Symptome des brachyzephalen Syndroms häufig. Durch die Erschlaffung der Muskulatur[23] und die Positionierung des Körpers in eine horizontale Lage wird der Luftweg weiter verengt. So kommt es vor, dass Tiere, die besonders stark unter dem Syndrom leiden, weitgehend im Sitzen schlafen müssen,[24] da ansonsten eine ausreichende Sauerstoffversorgung nicht mehr gewährleistet ist. Bei Peke-face-Perserkatzen sind die Beeinträchtigungen und Symptome des brachyzephalen Syndroms aufgrund der stärkeren züchterischen Bearbeitung

19 Oechtering / Oechtering / Noeller: Strukturelle Besonderheiten der Nase.

20 Daniel A. Koch / Susanne Arnold / Madeleine Hubler / Pierre M. Montavon: Brachycephalic Syndrome in Dogs. In: *Compendium on Continuing Education for the Practicing Veterinarian* 25 (2003), S. 25–31.

21 Todd W. Riecks / Stephen J. Birchard / Julie A. Stephens: Surgical Correction of Brachycephalic Syndrome in Dogs: 62 Cases (1991–2004). In: *Journal of the American Veterinary Association* 230 (2007), S. 1324–1328.

22 Dennis N. Aron / Dennis T. Crowe: Upper Airway Obstruction. General Principles and Selected Conditions in the Dog and Cat. In: *The Veterinary Clinics of North America. Small Animal Practice* 15,5 (1985), S. 891–917.

23 Joan C Hendricks: Brachycephalic Airway Syndrome. In: *Veterinary Clinics of North America* 22 (1992), S. 1145–1153.

24 Oechtering: Wenn Menschen Tiere verformen.

noch einmal deutlich ausgeprägter als bei der Zuchtform der Doll-face-Perserkatzen oder anderen brachyzephalen Rassen.

Neben der Atemwegsproblematik haben Perserkatzen häufig Augenprobleme. Durch die abgeplattete Nase besitzen die Katzen nur einen sehr kleinen Tränensee; durch die drastische Verengung der Nase leiden sie häufiger als Tiere anderer Rassen an einem verstopften Tränen-Nasen-Kanal; so kann Tränenflüssigkeit nicht mehr physiologisch abfließen und läuft über die Wange der Tiere ab.[25] Bedingt durch das unnatürliche Abfließen kommt es zu einer Verfärbung des Fells im Gesichtsbereich.

Durch die gewollte breite und flache Schädelform bei brachyzephalen Rassen kommt es neben dem primatenähnlichen Gesicht auch zu einer Abflachung der Augenhöhlen. Da diese mit für den Halt der Augäpfel im Schädel verantwortlich sind, werden letztere nur unzureichend im Schädel fixiert; eine häufigere Folge ist der Vorfall einer oder beider Augäpfel: Ein tiermedizinischer Notfall, der schnellstmöglich fachgerecht behandelt werden muss, da sonst eine Entfernung des betroffenen Auges unumgänglich ist.

Durch die züchterische Bearbeitung des Gesichtsschädels wird auch das Volumen des übrigen Schädels weiter reduziert, was zur Folge hat, dass dem Gehirn nicht mehr ausreichend Platz geboten wird: Es kommt zu einer Kaudalverlagerung des Gehirns, wodurch das kaudal liegende Kleinhirn in den Wirbelkanal verschoben wird. Aufgrund dieser neuro-anatomischen Veränderung können neurologische Probleme und Erkrankungen auftreten.

Schließlich kommt es durch die Reduktion des Gesichtsschädels und der damit einhergehenden Verkürzung des Ober- und Unterkiefers sehr häufig zu Zahnfehlstellungen,[26] da die Form und Anzahl der Zähne relativ uniform ist. Dies kann neben dem gestörten ästhetischen Empfinden des Besitzers vor allem zu gesundheitlichen Problemen und zu einer Beeinträchtigung des Verhaltens führen. Katzen benötigen ein funktionierendes Gebiss um Beute fangen zu können, sich verteidigen zu können oder auch bei der Fellpflege. Bei dieser nutzen besonders langhaarige Tiere ihre Zähne, um Verfilzungen aus dem Fell zu ziehen oder sie benutzen ihre Zähne wie einen Kamm.

25 Alexander Herzog: *Pareys Lexikon der Syndrome. Erb- und Zuchtkrankheiten der Haus- und Nutztiere.* Berlin: Parey 2001.

26 Steiger / Stucki / Peyer / Keller: Zur Beurteilung von Tierschutzaspekten bei Extremzuchten.

Herausforderungen und Notwendigkeit der Komplementarität veterinärmedizinischer und ethischer Urteilsbildung

Ethische Urteilsbildungen zur Gruppe der vom Menschen als ‚Haustiere' definierten nichtmenschlichen Tiere sind gesellschaftlich nicht zuletzt angesichts der beeindruckenden Zahl von über 34 Millionen in deutschen Haushalten lebenden Tieren (zumal Fische und Wirbellose statistisch hier nicht erfasst werden) von hoher gesellschaftspolitischer Relevanz.[27] Hierzu verfolgt dieser Text eine doppelte These: Anlässe für ein ethisches Urteil wie im vorliegenden Fall die Haltung und Zucht von Perserkatzen werden erstens als derart extremes Beispiel wahrgenommen, dass eine ausdifferenzierte, methodisch vorgenommene Urteilsbildung überflüssig erscheint. Die Beschreibungen des Sachkontextes – in diesem Fall der veterinärmedizinischen Anamnese zur Brachyzephalie und anderer züchterisch gewollter physischer Probleme von Individuen dieser Katzenrasse – scheinen für sich zu sprechen. Sie sind derart drastisch, dass sich eine weitere Abwägung zu erübrigen scheint.

Aufgrund der Nähe einer großen Zahl von Menschen – gerade auch solcher Menschen, die Tierschutzbelangen eher nicht ablehnend oder indifferent gegenüberstehen – zum Haustier ist es, so die zweite These, besonders unangenehm, Problemlagen innerhalb dieser Beziehungsstrukturen zu hinterfragen. Ganz grundsätzlich wird die Haltung nichtmenschlicher Tiere im menschlichen Nahbereich durch den Willen der Menschen begründet, entsprechende ‚Gefährten' um sich zu wissen. Gewaltgeprägte Hierarchien im Mensch-Tier-Verhältnis sind uns tendenziell unangenehm, so dass in der Regel der Versuch unternommen wird, diese zu marginalisieren oder zu ästhetisieren. Trotz der oftmals vorherrschenden Beschränkung auf den „erlebnisfunktionalen Nutzwert für den Menschen"[28] wird die Mensch-Tier-Beziehung zumeist als partnerschaftlich angesehen. Auch Haustierhalter*innen, die der Idee, nichtmenschlichen Tieren Personenstatus zuzuerkennen,

27 Anzahl der Haustiere in privaten Haushalten in Deutschland in den Jahren 2016 und 2017 (in Millionen). In: *Statista*, 2018. https://de.statista.com/statistik/daten/studie/156836/umfrage/anzahl-der-haushalte-mit-haustieren-in-deutschland-2010/ (Zugriff am 17.05.2018).

28 David Arndt: Erleben Sie Tiere! Ein Essay zum Mensch-Tier-Verhältnis in der Erlebnisgesellschaft. In: *Tierstudien* 9 (2016): Tiere und Unterhaltung, S. 72–81, hier S. 79.

ausgesprochen skeptisch gegenüberstehen, behandeln vor allem Hunde und Katzen wie enge Freunde oder Familienangehörige: Haustiere bekommen in aller Regel einen Namen, bekommen Geschenke und werden intensiv tiermedizinisch betreut. Fotos von Haustieren, ob im Portraitstudio erstellt oder als Schnappschuss in den sozialen Medien geteilt, sind Haustierhalter*innen oft nicht weniger wichtig als solche von (menschlichen) Familienangehörigen.[29] Tiersegnungsgottesdienste erfreuen sich großer Nachfrage, ebenso wie Tierbestattungen oder Traueranzeigen für verstorbene Haustiere längst keine Ausnahmeerscheinung mehr sind.[30] Und dennoch wird meist allein das Interesse des Menschen am Teilen eines Lebensraums relevant sein, wenn es um die ‚Anschaffung' eines Haustiers geht, das Tier ist trotz gegenläufiger menschlicher Wahrnehmung oft weniger Erlebnispartner als das Erlebnis selbst.[31] Derartige Machtstrukturen offenzulegen, würde jedoch wahrscheinlich dem Selbstbild der meisten Tierhalter*innen widersprechen; das menschliche Erlebnisinteresse als dominantes Argument in eine Güterabwägung einzuführen, ist entsprechend unangenehm, da es nicht nur maximal anthropozentrisch geprägte Hierarchiegefälle offenbart, sondern in ihrer eindimensionalen Konstruktion gar „eine neue Qualität der interspezifischen Distanz"[32]. Auch wenn der akademische Diskurs mit der Rede von ‚companion animals' und Ko-Habitation in Form geteilter Lebensräume ein deutlich reflektierteres Niveau lange erreicht hat, verlaufen Überlegungen wie oben angeführt in der gesamtgesellschaftlichen Debatte wohl deutlich stärker – allein im Blick auf die Masse der entsprechend gehaltenen nichtmenschlichen Tiere – nur am anthropozentrischen Interesse ausgerichtet.

Gerade die Konzentration auf die Qualzucht bei Haustierrassen könnte jedoch die Chance auf eine argumentativ unterfütterte ethische Urteilsbildung zur Haustierhaltung bieten: Dem Selbstbild vieler

29 Iris Därmann: Haustiere und Tierfreunde. Über Nähe und Ferne von Menschen und Tieren. In: Viktoria Krason / Christoph Willmitzer (Hrsg.): *Tierisch beste Freunde, Über Haustiere und ihre Menschen*. Berlin: Matthes & Seitz 2017, S. 12–48, hier S. 13.

30 Vgl. Niklas Peuckmann: Tiere im Wahrnehmungshorizont von Seelsorge. Überlegungen anhand aktueller Vollzüge von gelebter Religion. In: *Evangelische Theologie* 3 (2018), S. 219–229; Michael Rosenberger: Tiere bestatten? Theologische Überlegungen zu einem gesellschaftlichen Trend. In: *Stimmen der Zeit*, 8/2017, S. 531–539.

31 Arndt: Erleben Sie Tiere!, S. 80.

32 Ebd., S. 81.

Tierhalter*innen entspringende Gegenargumente von partnerschaftlichem Miteinander, von Fürsorge für das anvertraute Haustier und aufopfernder Pflege verfangen nicht, wenn im Rahmen einer Güterabwägung aufgezeigt werden kann, dass auf keiner vernünftig nachvollziehbaren Ebene massive vererbte Gesundheitsschäden damit gerechtfertigt werden könnten, dass die Existenz dieser nichtmenschlichen Tiere ein elementares Lebensbedürfnis des Menschen befriedigt.[33] Zugleich ermöglicht sich so überhaupt ein Zugang zu einer derartigen ethischen Urteilsbildung, die jenseits vorbewusster Intuitionen von einer argumentativen Auseinandersetzung mit der konkreten Situation ausgeht. Auf der einen Seite der Güterabwägung findet sich dann eine auf umfassendem veterinärmedizinischem Fachwissen fußende Sachorientierung, auf der anderen Seite eben ausschließlich das egoistische Interesse an einer speziellen Ästhetik des Haustiers im eigenen Besitz. Diese Ästhetik kann, am Kindchenschema orientiert, emotional-affektiv besonders ansprechend wirkend, medial oder in der Konkurrenz von Rasseschauen vermittelten ‚Modetrends' entsprechen oder schlicht als exklusiv empfunden werden – darüber hinaus aber nur argumentativ Bestand haben, wo der Einbezug nichtmenschlicher Tiere in die *moral community*, ihr Ernstnehmen als leidensfähige Individuen vollständig verleugnet respektive das Leiden als solches nicht anerkannt oder bagatellisiert wird. Gerade in dieser erdrückenden Eindeutigkeit des veterinärmedizinischen Befunds liegt also die Chance zur Erkenntnis, dass die hierarchisch derart an vollkommen unessentiellem menschlichem Interesse orientierte Beziehung zwischen Menschen und Haustieren besonders in Frage zu stellen ist; Nutztierhaltung zum Zweck menschlicher Ernährung, Versuche am nichtmenschlichen Tier zum Zweck medizinischer oder biologischer Forschung oder die Haltung von Tieren in menschlichen Verfügungssituationen zum Zweck des Arterhalts können und müssen allesamt im Rahmen ethischer Urteilsbildungen in Frage gestellt und immer wieder auf die Stichhaltigkeit der ins Feld geführten Argumentation hin überprüft werden; ihnen sämtlich ist jedoch immerhin ein tatsächlich ethischer Konflikt, ein Ringen um die Abwägung zwischen zwei Gütern zu attestieren, von denen eines in sämtlichen Fällen das

33 Vgl. Ullrich H.J. Körtner: Biothetik nichtmenschlicher Lebensformen. In: Wolfgang Huber / Torsten Meireis / Hans-Richard Reuter (Hrsg.): *Handbuch der Evangelischen Ethik*. München: Beck 2015, S. 585–647, hier S. 620.

möglichst leidensfreie individuelle Tierwohl darstellt, das andere in den jeweiligen konkreten Herausforderungen (Ernährung, Verantwortung für medizinischen Fortschritt, Erhalt von Biodiversität) zu sehen ist. All diesen Herausforderungen ist – bei aller Kritik an gesellschaftlich gegenwärtig akzeptierten ethischen Urteilen und erst Recht an konkreten Umsetzungen – immerhin zu attestieren, dass sie über das anthropozentrische[34] Interesse, ein nichtmenschliches Tier zu ‚besitzen', das eigenen ästhetischen Kriterien entspricht, hinausreichen. Im Gegensatz zu den übrigen aufgeführten Situationen wird ein ethisches Urteil zu Haltungen von veterinärmedizinisch als Qualzucht erkannten nichtmenschlichen Tieren verhältnismäßig eindeutig ausfallen können.

An diesem Punkt der komparativen Zusammenschau ethischer Urteile zu unterschiedlichen Konfliktsituationen zeigt sich in der Folge exemplarisch, dass die Haltung nichtmenschlicher Tiere als ‚Haustiere' deutlich intensiver auf ihre konkrete Ausprägung überprüft werden müsste: Intuitiv würden auch diejenigen Tierhalter*innen, die der hier veterinärmedizinisch begründeten Argumentation folgen und eine Hal tung von als Qualzucht beurteilten Katzen, Hunden oder Kaninchen ablehnen, ihre eigene Situation davon wohl dennoch abgrenzen: ‚Ihre' Katzen, Hunde oder Goldfische seien schließlich frei von den oben beschriebenen Leiden. Angestoßen ist dann jedoch die Frage, ob durchschnittliche Haustierhaltungen tatsächlich einer Abwägung mit einer veterinärmedizinisch-verhaltensbiologischen Perspektive standhalten würden. Hilal Sezgin kommt beispielsweise zu der noch leicht tentativen Schlussfolgerung, dass auch bei einer grundsätzlichen Bejahung der Möglichkeit „ethisch einwandfreier Tierhaltung" vermutlich eine Orientierung hin zu anderen Tierarten erfolgen müsste, dass beispielsweise also die Haltung von den Kontakt zum Menschen tendenziell positiv erlebenden Hausschweinen der von auch im domestizierten Zustand eher den Menschen meidenden Kaninchen vorgezogen werden

34 Hier kann gar von der radikalsten Form des Anthropozentrismus, dem sogenannten ‚ontologischen Anthropozentrismus' ausgegangen werden, der nicht nur (im Sinne der Noetik) den Menschen in einer besonderen Verantwortungssituation sieht, sondern die Welt auf ihr Dasein als Ressource für das Wohlbefinden des Menschen reduziert. Vgl. Torsten Meireis: Schöpfung und Transformation. Nachhaltigkeit in protestantischer Perspektive. In: Ders. / Traugott Jähnichen / Johannes Rehm / Sigrid Reihs / Hans-Richard Reuter / Gerhard Wegner (Hrsg.): *Nachhaltigkeit*. Gütersloh: Gütersloher Verlagshaus 2016, S. 15–50, hier S. 33.

müsste.[35] Diese Frage weist über den engeren Problembereich dieses Textes hinaus – und genau in der Eröffnung dieser weitergehenden Perspektive kann eine Chance des konkreten Beispiels liegen.

So banal es erscheint – am Beginn einer sachgerechten ethischen Urteilsbildung[36] steht eine deskriptive Aufgabe, die in Analyse relevanter empirischer und rechtlicher Rahmenbedingungen sowie des einschlägigen Expert*innenwissens besteht.[37] Im Fallbeispiel lässt sich die Perserkatze anhand der hier angelegten Kriterien eindeutig als Qualzucht charakterisieren.[38] Gegen das vererbte Leid der individuellen nichtmenschlichen Tiere kann im Rahmen einer Urteilsbildung kein vernünftiges Argument zur Abwägung ins Feld geführt werden. Mit dem Extrembeispiel der Qualzucht von Perserkatzen ist der Pfad zu einer in anderen Kontexten viel selbstverständlicheren Orientierung ethischer Urteile an Werten und entsprechenden Normen ebenso wie am einschlägigen interdisziplinär fachwissenschaftlichen Standard geebnet. Der Paradoxie von scheinbarer Eindeutigkeit in der Ablehnung von Qualzuchten, die keiner näheren Urteilsbildung bedarf, und einem Ausweichen gegenüber einer solchen methodischen ethischen Analyse der Haustierhaltung generell wird auf diesem Weg entgegengetreten.

35 Hilal Sezgin: „Tiere sind meine Freunde." Wirklich? Ethische Überlegungen zur Haustierhaltung. In: Krason / Willmitzer (Hrsg.): *Tierisch beste Freunde*, S. 88–199, hier S. 105–106.

36 Elementarer Ausgangspunkt einer ethischen Urteilsbildung ist darüber hinaus selbstverständlich die Vergewisserung über dem Urteil zu Grunde liegende Werte und Normen, die ja – gerade im Fall einer (tiermedizinischen) Anamnese – Normalvorstellungen, ethische und besonders auch rechtliche Maßstäbe bedingen.

37 Hans-Richard Reuter: Grundlagen und Methoden der Ethik. In: Ders. / Huber / Meireis (Hrsg.): *Handbuch der Evangelischen Ethik*, S. 9–123, hier S. 112.

38 Dass § 11 des Tierschutzgesetzes hier dennoch offensichtlich nicht ‚greift', ist ein eindrückliches Beispiel für ethische Urteile als vorjuridische Klärungen; in der Nicht-Übernahme des (auch) hier gefällten Urteils in geltendes Recht zeigt sich sowohl die Relativität ethischer Urteile als auch der offensichtlich gegebene gesellschaftlich-politische Widerstand gegen die auch in diesem Text vertretene tierethische Überzeugung im Blick auf Perserkatzen als Qualzuchten.

Inga Kählke

Kranke Tiere
2008–2017

Ob zerfließende Körper, eine lebensrettende Operation für ein tierliches Individuum, Szenarien aus dem Umfeld von Vivisektion, die Befreiung Einzelner aus diesem Kontext oder auch die Rehabilitation krank gemachter Tiere: Die Bilder dieser Reihe zeigen Facetten „kranker Tiere“ im Kontext von Mensch-Tier-Verhältnissen und greifen auf heterogene Bildquellen zurück. Im malerischen Prozess versuche ich an ihnen einen kritischen Blick auf diese Verhältnisse herauszuarbeiten und verfolge dabei den Ansatz, alle Bestandteile des Bildes als Akteure beziehungsweise mit Agency ausgestattet zu betrachten, die zusammen- wie gegeneinander arbeiten.

Rosa Kaninchen, 2016. Ölfarbe auf Leinwand, 40 x 25 cm.

Kiefer, 2017. Ölfarbe auf Leinwand, 28 x 21 cm.

Drei Rinder, 2016. Ölfarbe auf Leinwand, 30 x 40 cm.

Rooster Rehab, 2016. Ölfarbe auf Leinwand, 60 x 40 cm.

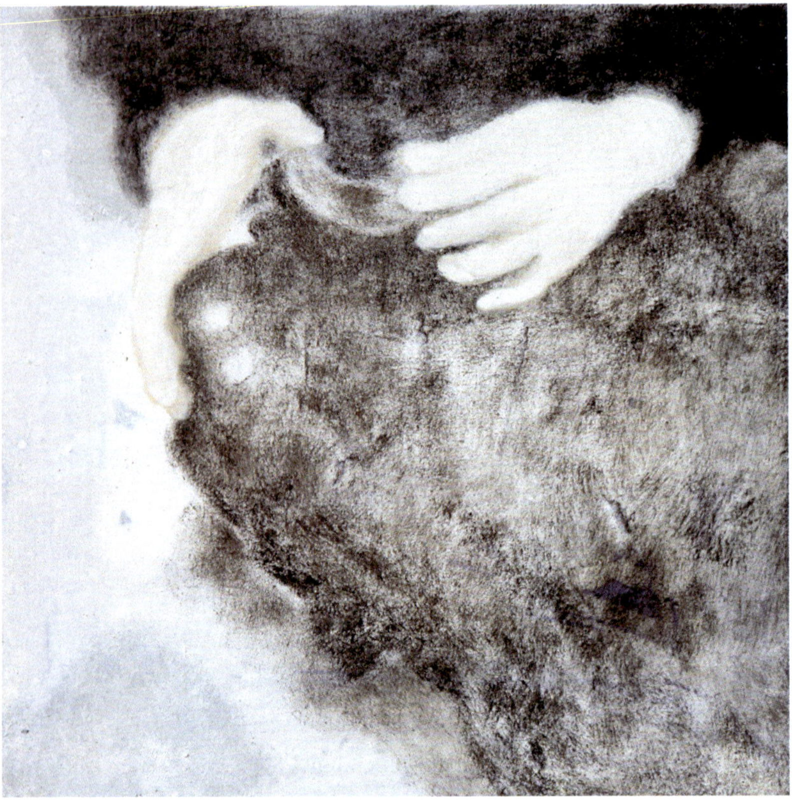

Operation, 2016. Ölfarbe auf Leinwand, 30 x 30 cm.

Vet, 2008. Ölfarbe auf Leinwand, 125 x 140 cm.

Lutz Bielefeldt

Kranke Tiere

2018

Bär, 2018. Tusche / Papier, 28 x 21 cm.

Pferd, 2018. Tusche / Papier, 28 x 21 cm.

Wolf, 2018. Tusche / Papier, 28 x 21 cm.

Kälber, 2018. Tusche / Papier, 28 x 21 cm.

Giraffenhyäne, 2018. Tusche / Papier, 28 x 21 cm.

Hund, 2018. Tusche / Papier, 28 x 21 cm.

Julia Schlosser

Domestic Intimacies
2014

In der Fotoserie *Domestic Intimacies* (*Häusliche Intimitäten*) untersuche ich die Ko-Habitation mit einer Gruppe von Gefährtentieren als gelebte Erfahrung. Ich betrachte, wie die Tiere ihren eigenen Sinn für Agency umsetzen und wie ich diese Agency reguliere und beschränke. Mit den Beziehungen, die sich zwischen uns über die Zeit aufgebaut haben, wurde ich auch befähigt, für sie zu sorgen. Das Behandeln von Krankheit, Verletzung oder chronischen Erkrankungen erfordert, die Tiere Situationen auszusetzen, die sie ängstigen und häufig unangenehm oder schmerzhaft sind. Die entstehenden Bilder sind chaotisch und fragmentiert. Sie deuten an, wie unvorhersehbar Interaktionen mit Wesen sind, die sich in Umständen, die außerhalb ihrer Kontrolle liegen, bedroht fühlen. Dabei reflektieren die Fotos im Grunde nur eine der vielen unterschiedlichen Formen, mit denen ich jeden Tag mit diesen Tieren eine Verbindung herstelle.

1. *Giving methylprednisolone, 2014 (Sebastian).* Sebastian litt an einem Reizdarmsyndrom. Er bekam deshalb hypoallergenes Futter, das aus für ihn unbekannten Protein- und Kohlenhydratquellen zusammengesetzt war. Er musste auch jeden Tag Tabletten einnehmen.

2. *Teeth cleaning procedure, 3/29/2012 (Sebastian, top and Alex).* Sebastian wartet angespannt auf den Beginn der Zahnreinigung. Alex hat die Prozedur schon hinter sich und wacht neben ihm aus der Narkose auf.

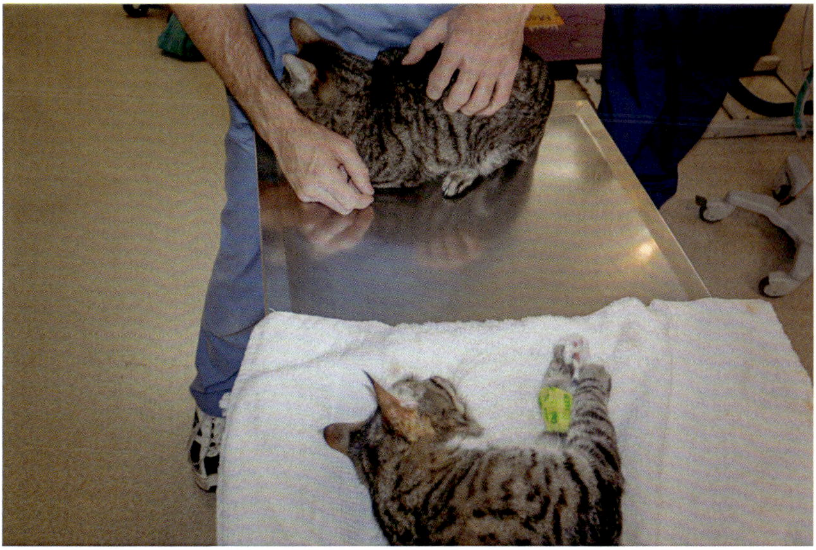

3. *Veterinarian visit, 1/5/2012 (Theo).* Theo verletzte sich im Kampf mit einer anderen Katze am Ohr und musste genäht werden.

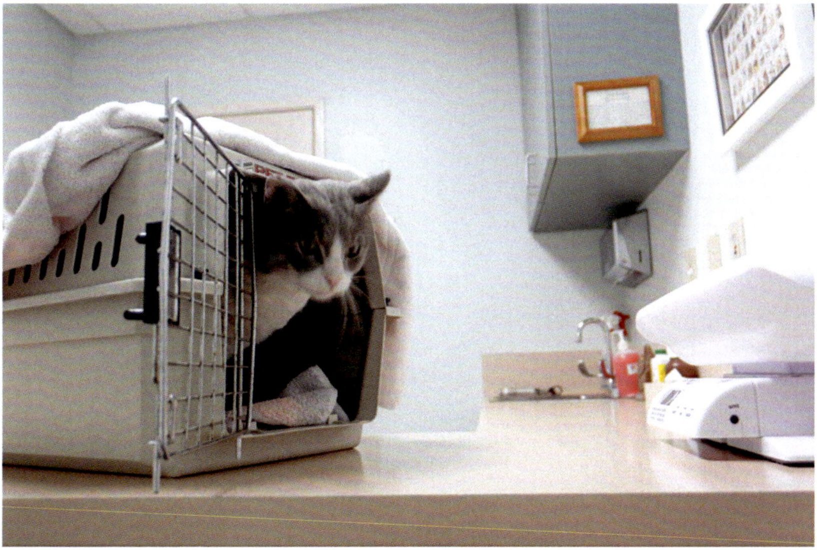

4. *Teeth cleaning, 3/29/2012 (Alex).* Alex hatte eine Stomatitis, wahrscheinlich bedingt durch eine allergische Reaktion auf Zahnbelag. Ohne regelmäßige Zahnreinigungen entzündete sich sein Zahnfleisch stark, was für ihn sehr schmerzhaft war.

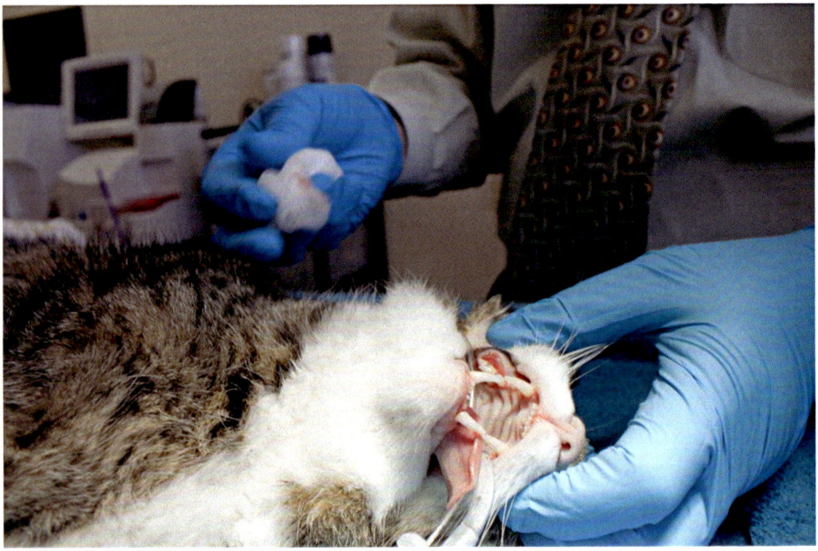

5. *Morning meal and medication, 2014 (Alex and Sebastian).* Mit 14 wurden die Geschwister Alex and Sebastian zu geriatrischen Patienten. Beide litten unter einer massiven Immunschwäche und benötigten täglich Medikamente.

6. *Cleaning wound, 9/26/2015 (Theo).* Weil Theo sich in den Kämpfen regelmäßig Verletzungen am Kopf statt am Hinterteil zuzog, erklärte mir der Tierarzt, dass er der Angreifer war. Ich versuchte, ihn zu Hause zu versorgen, um die Tierarztkosten zu sparen.

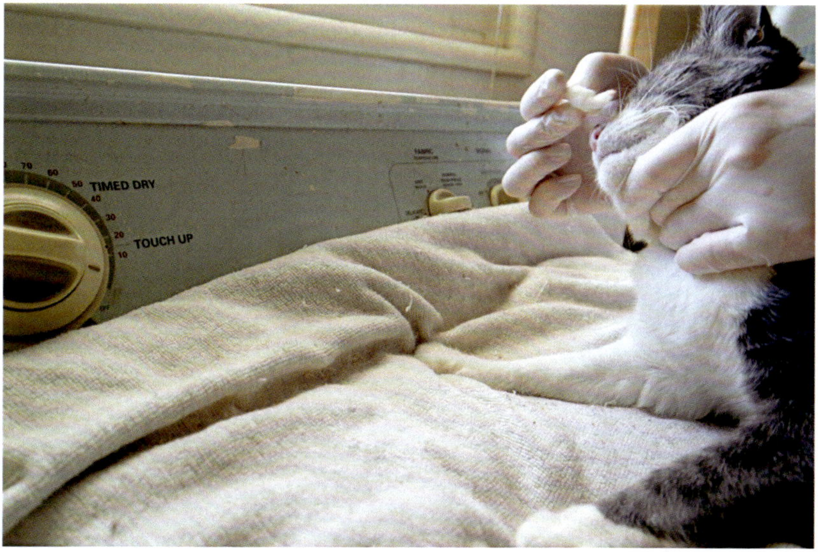

7. *Injection of anesthesia for teeth cleaning procedure, 3/29/2012 (Alex).*

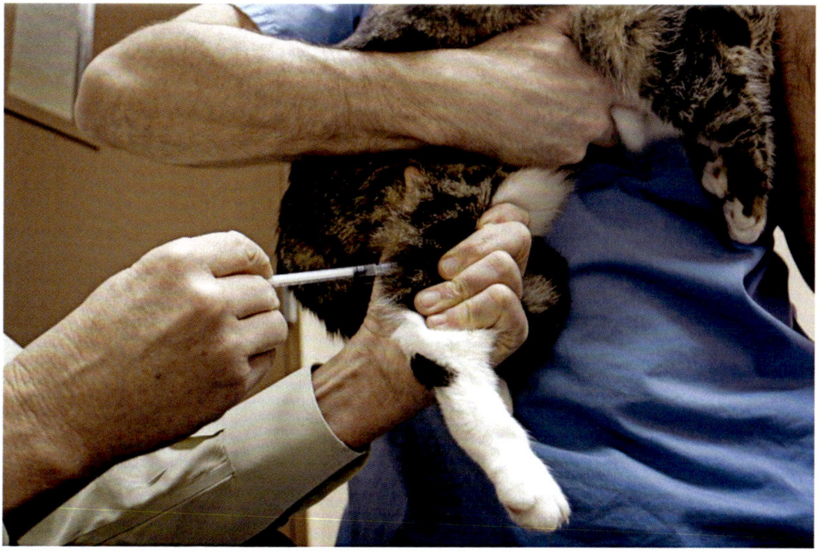

8. *Teeth cleaning procedure, 3/29/2012 (Sebastian).* Sebastian reagierte abwehrend auf den Tierarzthelfer, der versuchte, sein Bein für die Injektion des Narkotikums vorzubereiten.

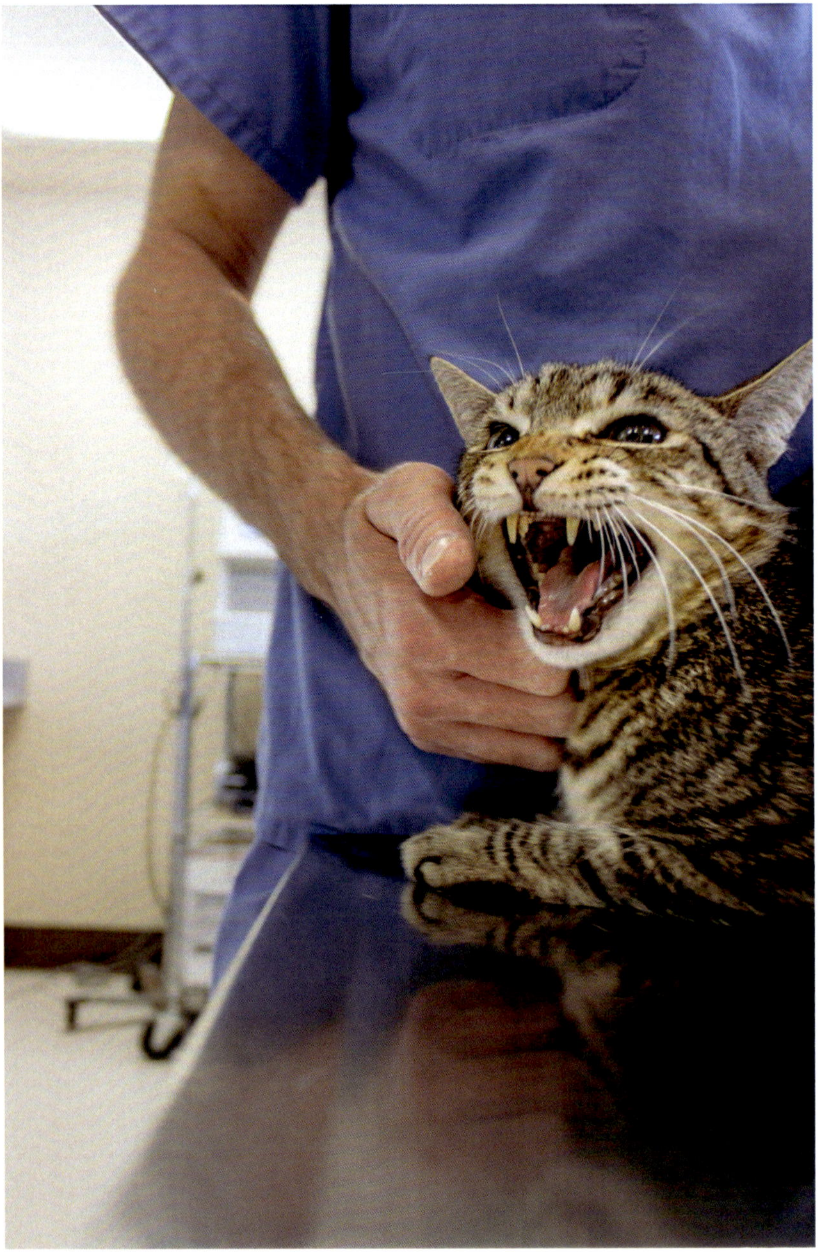

9. *Leg rewrap after surgery #1, 2/13/2014 (Tess).* Als Tess älter wurde, entwickelten sich kleine Geschwüre an ihrem gesamten Körper. Die Knoten an ihren Beinen benagte sie ständig, weshalb sie operativ entfernt wurden.

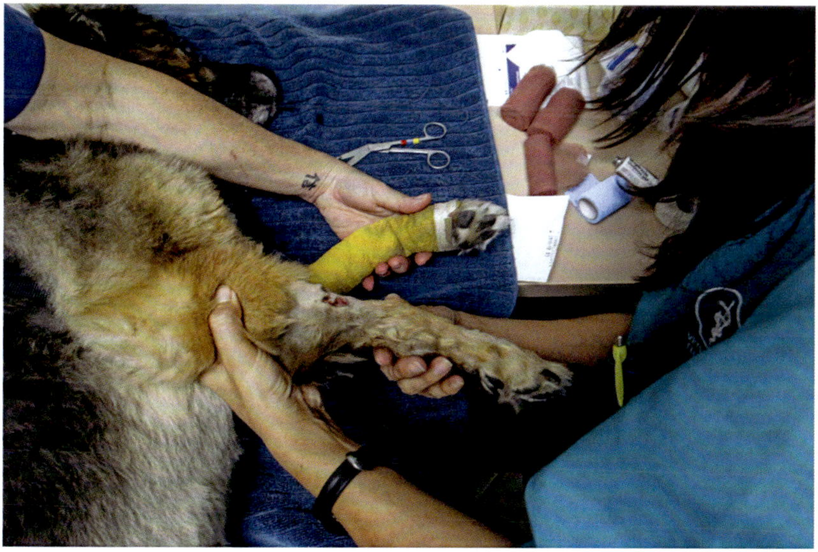

10. *Drawing blood, 3/29/2012 (Sebastian).* Bevor die Zahnreinigung beginnen kann, nimmt ein Helfer Sebastian Blut ab, um seine Werte zu überprüfen.

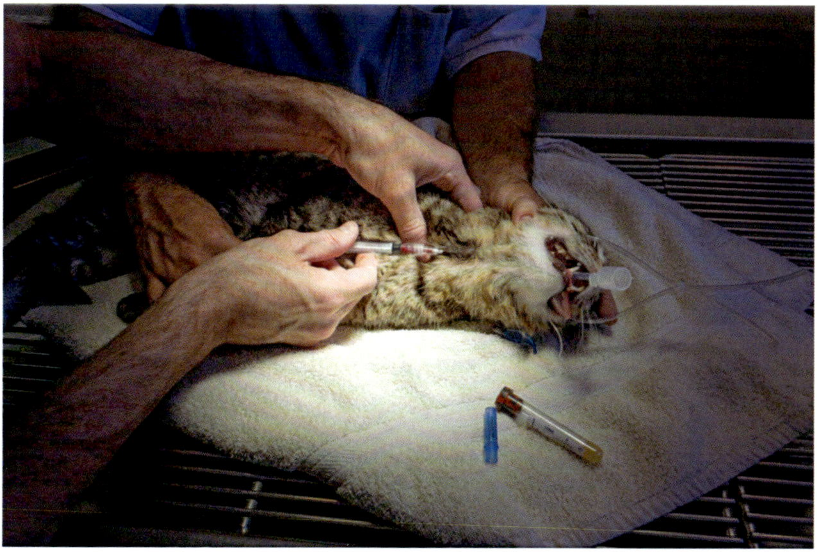

Rezensionen

Methodologie der Tierforschung

Martin Böhnert / Kristian Köchy / Matthias Wunsch (Hrsg.):
Philosophie der Tierforschung, Bd. 1: Methoden und Programme.
Rezensiert von Esther Köhring

Die Reihe *Philosophie der Tierforschung* will die Tierphilosophie um die historisch-systematische Wissenschaftsphilosophie der naturwissenschaftlichen Tierforschung erweitern, also um die Untersuchung ihrer Bedingungen, Implikationen, Logiken und Sprachstile. Das metatheoretische Projekt nimmt die Herausforderung der Philosophie sowohl durch die Natur- als auch durch die Kulturwissenschaften an und verspricht so nicht nur die Reflektion naturwissenschaftlicher Praxis, sondern auch jener kulturwissenschaftlichen Tierforschung, die sich durch die Rezeption naturwissenschaftlicher Erkenntnisse verortet. Versuche, implizite und tendenziell tautologische Rezeptionsverhältnisse in der interdisziplinären Tierforschung durch die Stärkung und Operationalisierung der philosophischen Perspektive in reflektierte gegenseitige Erhellung zu überführen, sind daher nicht nur für diejenigen Tierdenker*innen relevant, die zur Theoriegeschichte der Tierforschung arbeiten.

Im ersten Band werden kanonische Programme (Charles Darwin, Jakob von Uexküll etc.) ebenso untersucht wie Positionen, Konzepte und Debatten, die das bio- und in der Folge auch kulturwissenschaftliche Nachdenken über Tiere vorstrukturiert haben (Konrad Lorenz / Daniel Lehrmann oder „Morgan's Canon“). Im Vorwort schlagen die Herausgeber vor, die methodologische Signatur von Tierforschungen als Bündel von Kerngrößen zu erfassen, mit denen Forschungsverfahren, -orte, -ideale und Beteiligte sowie Positionierungen und Implikationen systematisch vergleichbar werden sollen. Dieses starke Programm wird leider in den Aufsätzen unterschiedlich deutlich, methodologische Fragen sind teils nicht erkenntnisleitend und die Zusammenschau der Fallstudien erscheint eher additiv denn systematisch. Der programmatisch-systematische Anspruch hätte eine stärkere Redaktion der Beiträge, eventuell auch ein anderes Format als die klassische Aufsatzsammlung gefordert.

Das Programm wird vor allem in den Herausgeberaufsätzen eingelöst, mustergültig Kristian Köchy zu Jean-Henri Fabre und seinem Programm als einer „Verflechtungsmatrix von wissenschaftlichen und metaphysischen, von methodisch-methodologischen und ontisch-ontologischen, von empirischen und spekulativen Elementen“ (S. 82). Köchy stellt die methodologische Signatur (etwa die Weise, in der sich in Fabres Arbeit Feld- und Laborforschung ergänzen und diese Orte im materiellen und epistemischen Austausch stehen) dar, verortet sie wissenschaftshistorisch (Darwin-Kritik) und -systematisch (in der produktiven Auseinandersetzung mit Bruno Latour), wobei stets konkrete Praktiken (die Rolle epistemischer Möbel) an und mit Tieren sowie deren Ontologie und Epistemologie den Fokus bilden und die Beobachtungssituation ebenso betrachtet wird wie die Wissenspoetologie der Texte Fabres.

Schwächer erscheinen im Vergleich jene Texte, die auch die Rezeption der methodologischen Signatur aufzeigen müssten, jedoch tendenziell in eine Analyse der methodologischen Signatur und eine Analyse der Rezeption der Erkenntnisse einzelner Forscher*innen und ihrer Programme zerfallen. Am zu sehr auf die Evidenz des Materials vertrauenden Aufsatz Eve-Marie Engels zu Darwin etwa zeigt sich, dass die Philosophie der Tierforschung auch das Nach- und Weiterleben methodologischer Signaturen im bio- wie kulturwissenschaftlichen Tierwissen systematisieren müsste, um nicht in der Suche nach dem ursprünglich Gemeinten zu verharren. Die Richtung, in den Folgebänden zu entwickeln, geben Martin Böhnert und Christian Hilbert vor. In der historisch-kritischen, kontextualisierenden Lektüre von „Morgan's Canon" und seiner Rezeption arbeiten die Autoren die Aktualität eines Kanons heraus, der, nicht als ontologische Norm, sondern als epistemisch-methodologische Herausforderung verstanden, in der Rezeption immer wieder neu verhandelt wird. Der Aufsatz teilt aber auch den Impuls etlicher Beiträge, die Theorie verbessern zu wollen, wobei das jeweils eigene Verhältnis zur metatheoretischen Fragestellung noch nicht in jedem Fall geklärt ist, was ebenfalls Aufgabe der Philosophie der Tierforschung wäre.

Martin Böhnert / Kristian Köchy / Matthias Wunsch (Hrsg.):
Philosophie der Tierforschung, Bd. 1: Methoden und Programme.
Karl Alber. Freiburg i. Br., November 2015, 374 S.
Hardcover 29,99 € (ISBN 978-3-495-48741-9).

(Versuchs)tiere als Mitspieler?

Martin Böhnert / Kristian Köchy / Matthias Wunsch (Hrsg.):
Philosophie der Tierforschung, Bd. 2: Maximen und Konsequenzen.
Rezensiert von Judith Benz-Schwarzburg

Böhnert, Köchy und Wunsch versprechen einen neuen Zugang zur Tierphilosophie mit Schwerpunkt auf den methodischen Zugängen der Tierforschung. Hierfür lässt der Band Experten*innen zu Wort kommen, die sowohl die Maximen als auch die Konsequenzen der Methodik der Tierforschung in den Blick nehmen. Die Leser*innen gewinnen einen fundierten Einblick

in zentrale (moral)philosophische Hintergrundannahmen, sowohl in stärker einführenden und klärenden Artikeln (z.B. Ute Knierim zur Animal Welfare Science oder Peter Kunzmann zur moralischen Relevanz tierlicher Bedürfnisse) als auch in stärker kritisch ausgerichteten Beiträgen (etwa Arianna Ferrari zur gentechnischen Veränderung von Tieren oder Herwig Grimm und Andreas Aigner zur Kritik am moralischen Individualismus). Insgesamt ist die Themenauswahl gut gelungen. Aber wie immer bei solchen Zusammenstellungen basiert natürlich besonders die in den Beiträgen vorgetragene Kritik auf den jeweiligen Forschungspositionen der Autoren. Bisweilen verfolgen diese z.B. recht anspruchsvolle Definitionen bestimmter Fähigkeiten (so etwa Dirk Westerkamp zum Thema Sprache (und Kultur) des Menschen im Gegensatz zum Tier). Nur bei einer Frage, nämlich der nach dem Personenstatus von Menschaffen, kommen gleich zwei Perspektiven zu Wort (Hans-Werner Ingensiep und Volker Sommer). Es ist also den Leser*innen überlassen, bestimmte Betonungen in Relation zu setzen.
Das gilt bereits für die in der Einleitung (S. 11–15) durch die Herausgeber entfaltete Idee, dass sich Tiere bereits im ersten Band der Reihe „selbst unter den restriktiven Bedingungen wissenschaftlicher Erforschung" als „aktive Glieder der Relation – eben als Lebewesen" mit „Merkmalen, Fähigkeiten und Ansprüchen" erwiesen hätten – eine Feststellung, vor deren Hintergrund gewissermaßen der zweite Band verhandelt wird. Diese Betonung wird fortgeführt bis zu der Annahme, Tiere würden „quasi zu Teilnehmern des Forschungsprozesses", die eine ganz eigene Latour'sche „Performanz" hätten: schließlich führen die beobachteten (bzw. verwendeten bzw. verbrauchten …) Tiere eigene Handlungen aus oder verweigern sich bisweilen den Versuchen. Im Lebensraum ‚Lab' würden sie mit den Forschern eine „Symbiose" eingehen (eine Idee, die landläufig wohlgemerkt mit einem *gegenseitigen* Nutzen aus der eingegangenen Zusammenarbeit verbunden wird). Die Tiere der Tierforschung wären damit nicht als beobachtete, passive Materie, sondern als „involvierte, leibliche Mitspieler" zu verstehen – und selbstverständlich hält die Philosophie bereits die Theorien parat, mit denen etwa dieser Mitspielerstatus oder auch die Leiblichkeit der Mitspieler gefasst werden können. Befreit aus der einen, objektifizierenden Perspektive als „passiv allen Manipulationen ausgesetzte" Lebewesen werden Tiere sofort, so scheint es, vom nächsten Theoriekonstrukt „zu etwas gemacht" – jetzt von einer Tierforschung, die auf sich selbst reflektiert. Was den „neuen" (?) Subjektstatus des (Versuchs) tiers ausmacht, mag man skeptisch sein. Wie schnell läuft die Rede der Performanz der Tiere, ihrer Mitspielerhaftigkeit, ihrer Widerspenstigkeit ins Leere – zumindest wenn man die Realitäten eines aufoktroyierten Haltungssystems, Trainingssystems und Versuchsablaufs berücksichtigt?
Die Charakterisierung des (Versuchs-)Tiers als „performativem Mitspieler" kann nun einerseits etwa der Kritik am moralischen Individualismus in die

Hände spielen (Beitrag Grimm / Aigner). Dann würde sich nicht nur die Performanz des Tiers relational gestalten, sondern es würde sich auch die *moralische Bedeutung* von tierlichen Eigenschaften (vorranging oder exklusiv?) im Zuge menschlicher Praxen ergeben und wäre mit einer relationalen, kontextualistischen Ethik zu fassen. Andererseits ist das Tier als performativer Mitspieler aber auch ein Subjekt qua seiner Eigenschaften, Fähigkeiten, Intentionen (usw.) (Einleitung Köchy / Wunsch / Böhnert). Es besitzt eine eigene Agency, moralisch relevante Bedürfnisse (Beitrag Kunzmann), evtl. sogar Personenstatus (Beitrag Sommer), was doch stark auf den inhärenten Wert des Individuums zurückverweist.
Eine eindeutige Richtungsweisung bietet sich dem an der Tierphilosophie Interessierten also nicht. Der Band spiegelt aber schön eine Perspektivenvielfalt wider, deren Einschätzung allerdings eher besonders in der Ethik der Mensch-Tier-Beziehung bereits erfahrene Leser*innen erfordert.

Martin Böhnert / Kristian Köchy / Matthias Wunsch (Hrsg.):
Philosophie der Tierforschung, Bd. 2: Maximen und Konsequenzen.
Karl Alber. Freiburg i. Br., Juni 2016, 255 S.
Hardcover 29,99 € (ISBN 978-3-495-48742-6).

Tiersprachen: Schritte in die richtige Richtung

Eva Meijer: *Die Sprachen der Tiere.*
Rezensiert von Markus Wild

Die Philosophin, Künstlerin und Autorin Eva Meijer hat es mit Tieren und ihrem vielstimmigen Interesse verdankt sich das Buch *Dierentalen* (2016), das nun unter dem Titel *Die Sprachen der Tiere* erschienen ist. Meijer geht in sieben durchsichtig geschriebenen Kapiteln der Frage nach, was es heißt, die komplexe Kommunikation unterschiedlicher Tierarten als Sprachen zu verstehen. Dabei zeigt sich Meijer nicht nur ausgezeichnet über die kognitive Ethologie informiert, sie legt auch überzeugend die philosophischen Grundlagen ihres Ansatzes offen. Ausgehend von Ludwig Wittgensteins Idee der Sprachspiele – die Sprachen als vielgestaltige, multimodale Praktiken der bedeutungstragenden und intentionalen Kommunikation nach der Maßgabe impliziter Regeln versteht – lässt Meijer von der Laut- über die Körper-, Gebärden-, Farben- bis zur Metasprache eine erstaunliche Bandbreite an Tiersprachen Revue passieren. Der inhärent ethische Ansatz Wittgensteins lässt es auch zu, dass Meijer zwanglos vom Sprachspiel und seinen Regeln zu moralischen Normen und schließlich zu den Regeln der politischen Kommunikation zwischen Mensch und Tier gelangen kann.

Allerdings könnte man einwenden, dass Meijer hier Sprache mit Kommunikation verwechselt und sich des Anthropomorphismus schuldig macht. Bisweilen passiert ihr das tatsächlich, aber im Ganzen geht sie mit diesem Buch in die richtige Richtung. Das erkennt man, wenn man ihr Buch etwas kontextualisiert. Gerne wird betont, Charles Darwins Evolution kenne weder Fortschritt noch Hierarchien, statt einer hierarchisch-progressiven Stufenleiter hätten wir es mit einem wuchernden Gestrüpp zu tun. Dennoch scheint auch die Evolutionsbiologie den Gegensatz von „höher" und „niedriger" nicht abgelegt zu haben.[1] Eine wichtige hierarchische Differenz ist jene zwischen Sprache und Kommunikation. Eine Studie konnte zeigen, dass biologische Fachartikel, die sich mit Sprache befassen, zu kognitivistischem, progressivistischem und exklusivistischem Vokabular neigen und sich überwiegend auf unsere nächsten Verwandten, die Primaten, konzentrieren, während jene Artikel, die sich mit Kommunikation befassen, ein stärker biologistisches Vokabular verwenden und viele Arten thematisieren.[2] Der seit Langem beklagte „Chimpozentrismus" ist nach wie vor präsent.[3]
Zwar sollte man nicht dem Fehlschluss von Kommunikation auf Sprache unterliegen, allerdings weisen die eben angeführten Untersuchungen darauf hin, dass unser Verständnis von Sprache impliziten und expliziten Normen folgt, die es zu befragen gilt. Was wir brauchen, ist nicht so sehr Vorsicht gegenüber Anthropomorphismen, sondern mehr kritischen und informierten Mut dazu – einen klugen Mut, den Meijer hat. Karl von Frisch hätte seine bahnbrechenden Arbeiten zum Bienentanz nicht leisten können, hätte er sich nicht entschieden, ihn als Sprache zu verstehen. Und zweifellos ist unser Umgang mit Tieren nicht eben von einem Übermaß an Vermenschlichung gekennzeichnet, sondern vielmehr von Unmenschlichkeit.[4] Tiere als Wesen zu verstehen, die sich und uns etwas zu sagen haben, ist sowohl wissenschaftlich als auch ethisch der Schritt in die richtige Richtung.

Eva Meijer: *Die Sprachen der Tiere*, aus d. Niederl. v. Christian Welzbacher.
Matthes & Seitz. Berlin, April 2018, 176 S.
Hardcover 28,00 € (ISBN 978-3-95757-536-4).

1 Emanuele Rigato / Alessandro Minelli: The Great Chain of Being Is Still Here. In: *Evolution: Education and Outreach* 6,18 (2013), S. 1–6. http://doi.org/10.1186/1936-6434-6-18.

2 Robert Ullrich / Moritz Mittelbach / Katja Liebal: Scala Naturae: The Impact of Historical Values on Current "Evolution of Language" Discourse. In: *Journal of Language Evolution* 3,1 (2018), S. 1–12. https://doi.org/10.1093/jole/lzx017.

3 Benjamin B. Beck: Chimpocentrism: Bias in Cognitive Ethology. In: *The Journal of Human Evolution* 11,1 (1982), S. 3–17. https://doi.org/10.1016/S0047-2484(82)80027-4.

4 T. J. Kasperbauer: *Subhuman. The Moral Psychology of Human Attitudes to Animals*. Oxford: Oxford UP 2018.

Tier-Mensch-Beziehungen in der klassischen Antike

Thorsten Fögen / Edmund Thomas (Hrsg.):
Interactions between Animals and Humans in Graeco-Roman Antiquity.
Rezensiert von Daniel Lau

Das vorliegende Werk enthält eine Einleitung der Herausgeber, gefolgt von 16 Beiträgen und schließt mit einer Forschungsbibliographie zu Tierstudien in der klassischen Antike, Kurzbiographien der Autor*innen sowie einem Index ab. Die Beitragssammlung basiert auf einer Reihe von Gastvorträgen und einer zweitägigen Konferenz, die 2015 an der Durham University stattgefunden haben. Autorinnen sind gegenüber männlichen Autoren mit einem Drittel zu zwei Drittel etwas unterrepräsentiert. Erfreulich ist hingegen, dass die Beiträge nahezu ausnahmslos an aktuelle Forschungen in den Human-Animal Studies anknüpfen und nicht mehr, wie vor wenigen Jahren in der klassischen Altertumskunde noch üblich, reine deskriptive Tierstudien (Animal Studies) betreiben. Stattdessen gehen die Beiträge der Frage nach, inwiefern sich Tier-Mensch-Beziehungen, anhand der für die Erschließung der klassischen Antike zur Verfügung stehenden Quellen, nachweisen und kontextualisieren lassen. Insbesondere Schrift- und Bildquellen sollen für die Beantwortung der Fragestellung herangezogen werden. Insgesamt überwiegt der Anteil an philologischen bzw. literarischen Untersuchungen, die teilweise unter Zuhilfenahme von Abbildungen illustriert werden. Vorteilhafter für die Betrachtung wären größere Abbildungen oder Kennzeichnungen gewesen, insbesondere für Leser*innen, die die abgebildeten Objekte nicht kennen. Beiträge zur griechischen Antike überwiegen deutlich gegenüber denen der römischen, dabei werden jedoch auch Randgebiete, wie beispielsweise Mesopotamien und die Achämeniden betrachtet.

Explizit von den Herausgebern hervorgehoben wird, dass nicht die Mensch-Tier-Grenze im Fokus der Untersuchungen steht, sondern die Interspeziesbeziehungen an sich (S. 5). So geht es in mehreren Beiträgen beispielsweise um die vielfältigen Beziehungen des Menschen zu sogenannten Haustieren. Einige Beiträge beschäftigen sich dann aber doch mit der Mensch-Tier-Grenze, insbesondere mit der Überschreitung dieser Grenze, verkörpert durch Mensch-Tier-Mischwesen, Anthropomorphisierung und Dehumanisierung.

Auch wenn sich die Beiträge auf die klassische Antike beziehen, lassen sich aus den Studien wertvolle Einsichten für die modernen Tier-Mensch-Verhältnisse gewinnen. So wird in dem Beitrag von Sian Lewis eine enge Bindung zwischen Menschen und anderen Tieren mit einer vergleichbaren Lebensspanne erklärt, woraus gefolgert werden kann, dass die bis heute zunehmend verlängerte Lebenserwartung des Menschen und die zugleich drastisch verkürzten Lebenserwartungen anderer Tiere zu einer anderen Beziehung zwischen den

Spezies geführt haben könnten. Der Beitrag von Edmund Thomas beschreibt das Leben von Tieren im urbanen Kontext und enthält damit Anklänge an die gegenwärtige Utopie einer „Zoopolis", die jedoch auch in der Antike nicht verwirklicht werden konnte, wenngleich Tiere im urbanen Raum wesentlich präsenter waren.

Insgesamt sind die Beiträge erfreulich divers in ihren Ausrichtungen, so dass ein breites Spektrum an Überlegungen zu antiken Tier-Mensch-Verhältnissen abgedeckt wird und zu eigenen Weiterforschungen in affinen Disziplinen anregt. Einige Wörter finden sich in den Beiträgen jedoch nur in altgriechischer Schrift, so dass hier von der Leserschaft Spezialwissen oder die Bereitschaft, zu einem Wörterbuch zu greifen, gefordert wird. Längere Zitate aus antiken Quellen liegen jedoch stets in Übersetzung vor. Sehr hilfreich ist die vierzigseitige Forschungsbibliographie (Stand: 15. Mai 2016), die in mehrere Rubriken untergliedert ist: allgemeine Literatur zu Tierstudien in der klassischen Antike, Literatur zu bestimmten Tierarten, zu Tieren als Nahrung, Vegetarismus, Jagd, Spektakeln (Spielen), Opferungen, Tiermedizin und „Monstren".

Alles in allem ist der Sammelband sehr empfehlenswert, nicht nur für an der klassischen Antike Interessierte, sondern auch für Wissenschaftler*innen und Studierende mit Forschungsschwerpunkt in den Human-Animal Studies.

Thorsten Fögen / Edmund Thomas (Hrsg.):
Interactions Between Animals and Humans in Graeco-Roman Antiquity.
De Gruyter. Berlin / Boston, August 2017, 506 S., zahlr. Abb.
Hardcover 129,95 € (ISBN 978-3-11-054416-9).

Im Schatten agierende Pilze, weit reisende Steine

Cecilia Novero / August Obermayer / Peter Barton (Hrsg.): *Of Rocks, Mushrooms and Animals. Material Ecocriticism in German-speaking Cultures.*
Rezensiert von Nike Dreyer

Sieben Texte zeigen in diesem Sammelband Zugänge des „Material Ecocriticism" an literarischen, künstlerischen und filmischen Fallbeispielen auf. Die Autor*innen fokussieren sowohl auf Artefakte als auch auf Theorien: Die Agency von Steinen, Pilzen und Tieren wird genauso ernst genommen wie Begriffskonzepte und ihre Konsequenzen.

Die ethische Reflexion des eigenen Handelns verdeutlicht Cecilia Novero einleitend am Beispiel der Installationen *Anatomy Lessons* von Michele Beevors, die mit Wolle umstrickten Draht in Form von Tierskeletten ausstellt. Deutlich macht sie die Bedeutung der detailgetreuen Auseinandersetzung mit den biologischen Körpern und die Wichtigkeit des pflegsamen Umgangs damit. Das Vorgehen des sorgfältigen Verknüpfens entspricht auch der Methodik der nun – leider nicht vollzählig – vorgestellten Texte, die vielseitig informierte Perspektiven auf Artefakte und Akteure entwerfen.

Ihre Aufmerksamkeit widmet Jillian DeMair der Präsenz von Findlingen in Annette von Droste-Hülshoffs Gedicht *Die Mergelgrube*, die sich aus dem Gegensatz materieller Immobilität bei gleichzeitig faktischer Weltläufigkeit speist und deren Evidenzcharakter sie zu aktiven Akteuren der Geschichte macht, die Zeitlichkeit ganz anders reflektieren als ihre menschlichen Co-Akteure.

Kiley M. Kost präpariert in einem ähnlichen Zugriff, in dem sie literarische Erzählung mit naturwissenschaftlichen und kulturgeschichtlichen Fakten verwebt, Pilze als Protagonist*innen im *Versuch über den Pilznarren* von Peter Handke heraus. Obgleich sich die Pilze dabei kategorisch – sie sind weder Tiere noch Pflanzen – wie auch geografisch – im liminalen Raum schattiger Waldflecken – entziehen, charakterisiert Kost sie als Akteure, die als finanzieller Wert, aber, erzählerisch noch wichtiger, durch das reine Entzücken ihrer Anwesenheit auf ihre menschliche Umwelt, hier den Pilznarren, einwirken.

Sandra Kohler befasst sich mit in Natur eingeschriebener Erinnerung in zeitgenössischer Literatur. In den ausgewählten Texten beobachtet sie den Widerspruch, dass Natur zwar als Bewahrerin von Erinnerung betrachtet und geschätzt wird, die Protagonist*innen die Natur jedoch rücksichtslos kontrollieren und trotz Kenntnis von menschlich ausgelösten ökologischen Krisen keine Veränderung herbeiführen. Einhergehend mit dieser Erkenntnis platziert Kohler eine Neuverhandlung des Heimatsbegriffs im Sinne einer „place-identity", die aber in den Texten, so Kohler, nicht zum Schutz, sondern zur Nostalgisierung und Exotisierung von Natur führe.

Passivität in Anbetracht zerstörerischer Zusammenhänge thematisiert auch der Beitrag von Sabine Nöllgen, konkret die Logik ausgelagerter Verantwortung in dem Film *Unser täglich Brot* (D 2005, R: Nikolaus Geyrhalter). Der Film nimmt bildlich die Monotonie einer industriellen, paramilitärischen Nahrungsmittelindustrie auf und, so Nöllgen, wirke damit nicht nur wie eine Vorwegnahme einer dystopischen Zukunft, sondern auch als Beweisträger für die Existenz eines Systems, das gerade durch seine mediale Unsichtbarkeit und geografische Auslagerung Protest eindämme. Die visuelle Strenge des kommentarlosen Films reichert Nöllgen durch Filmgeschichte und Food-Diskurs textlich an.

André Krebber diskutiert den im Diskurs oszillierenden Natur-Begriff: Während die dualistische Trennung zwischen Kultur und Natur Ablehnung erfahre, betonten Theoretiker*innen verstärkt Verbindungen und Interaktionen. Im Lichte der objektzentrierten Ontologie, so Krebber, zeige sich aber eine neue Objektbezogenheit, die er durch Theodor W. Adornos *Negative*

Dialektik mit den vielschichtigen Natur-Begriffen des Ecocriticism zu verbinden sucht, auch um Muster der Unterdrückung und Zerstörung klarer zu benennen und der Komplexität und Wandelbarkeit „der Natur" ansatzweise begrifflich gerecht zu werden.
Der Band zeichnet sich durch sorgfältig recherchierte Texte aus und bietet Zugänge zu unterschiedlichen Bereichen an, weshalb er für alle Ecocriticism-Interessierten etwas zu bieten haben wird.

Cecilia Novero / August Obermayer / Peter Barton (Hrsg.): *Of Rocks, Mushrooms and Animals. Material Ecocriticism in German-speaking Cultures.* University of Otago, Department of Languages and Cultures, German Programme. Dunedin, New Zealand, 2017, 225 S., zahlr. Abb.
Paperback 40,00 NZ $ (978-0-9582716-9-1).

Tieranwalt *revisited*

Antoine F. Goetschel: *Animal Spa – die Geschichten des Tieranwalts.*
Rezensiert von Charlotte E. Blattner

Weltweit einzigartig vertrat Antoine Goetschel während drei Jahren die Interessen von über 700 Tieren als „Rechtsanwalt für Tierschutz in Strafsachen" im Kanton Zürich. Das abrupte Aus für das Amt der Tieranwältin resp. des Tieranwalts im Jahr 2010 in Folge diverser Anpassungen an die neue eidgenössische Strafprozessordnung hinterliess eine klaffende Lücke.
In *Animal Spa* gewährt uns der Autor seinen persönlichen Blick auf das Schweizer Tierschutzrecht, die Institution der Tieranwältin resp. des Tieranwalts und den Vollzug der Tierschutzgesetzgebung im Straf- und Verwaltungsrecht. Das Sach- und Fachbuch ist eingebettet in ein fiktives Narrativ: Goetschel besucht seine ehemalige Klientschaft im „Kuhrrehsort", wo sich die Opfer früherer Verbrechen von ihrem Leid erholen. Das Buch beginnt mit der Vorstellung der 37 Hauptakteure, die Goetschel vermutungsweise anonymisiert hat, mit Namen wie Brutus, Denti, Reiner, Stelzi oder Cola. Bei der Aufarbeitung ihrer Traumata bringt die Sicht der Tiere ein breites Spektrum an Problemen im Tierschutzrecht zu Tage, wie etwa Vernachlässigungen, Tierquälerei, Qualzucht, Wildtierhaltung, die Tötung von Fischen oder auch Zoophilie.
Obwohl sich Goetschel in seiner Tätigkeit als Tieranwalt mit Nachdruck für diese Tiere eingesetzt hat, ist ihnen Gerechtigkeit in vielen Fällen versagt geblieben. Dafür, und das macht *Animal Spa* deutlich, ist vor allem das Versagen der Gesetzgeberin resp. des Gesetzgebers und der Vollzugsbehörden

verantwortlich. Goetschel nimmt sich dieser Metaproblematiken an, indem er offenkundige Gesetzeslücken, fehlende Transparenz in der Rechtsprechung, Personal- und Ressourcenmangel im Straf- und Verwaltungsvollzug, mangelnde Ausbildungsmöglichkeiten sowie die Unvorhersehbarkeit medialer und politischer Dynamiken thematisiert. Goetschel versteht es dabei, der Leserschaft diese komplexen rechtlichen Sachverhalte anhand tierlicher Einzelschicksale verständlich, überzeugend und eindringlich zu vermitteln. Ihm gelingt damit der Spagat zwischen juristischem Fachdiskurs und unterhaltender Fiktion.

Das Buch ist breit angelegt und streift neben rechtlichen auch ethische Debatten wie den Vegetarismus und Veganismus. Obwohl generell progressiv, ist Goetschels Haltung dabei zuweilen allzu liberal, insbesondere für die dezidierte Antispeziesistin resp. den dezidierten Antispeziesisten. So, wenn er von den vielschichtigen Nachteilen des Fleischkonsums spricht, jedoch meint, dass jede und jeder seine Grenzen selbst ziehen könne (S. 128), oder wenn er den steigenden Absatz von Bio-Fleischprodukten, bei denen das Wohl der Tiere „fast zuoberst […] steht“, als erfreuliche Entwicklung würdigt (S. 127).

Einige Leserinnen und Leser werden Goetschel auch vorwerfen, das sakrosankte Verbot des Anthropomorphismus zu verletzen. Man würde Goetschel aber Unrecht tun, wenn man seine dahinterstehenden Intentionen ausblendet. *Animal Spa* ist erfrischend nahbar, es ist charakteristisch und wirkt durch autobiographische Ansätze und Emotionalität – eine Unerlässlichkeit, wie die feministische Theorie lehrt, und leider eine Rarität in den vorherrschend von männlichen Autoren verfassten Werken in den Animal Studies. Goetschel bedient sich dabei gekonnt der Methodik des kritischen Anthropomorphismus[1]: Die Erfahrungen der Tiere werden so betrachtet, beschrieben und erklärt, als wären es menschliche Erfahrungen; dies geschieht aber reflektiert und investigativ und eröffnet damit Perspektiven, um eine umfassendere Kenntnis darüber zu erlangen, was für Tiere im Recht als Minimum notwendig ist.

Animal Spa unterstreicht die Notwendigkeit der Tieranwältin resp. des Tieranwalts mit Nachdruck und zeigt plastisch auf, wie oft diese Institution den entscheidenden Unterschied für das betroffene Tier geschaffen hat und immer noch schaffen könnte. Goetschel weiß aber, dass es damit „lange nicht getan“ (S. 285) ist. Letztendlich kann die Tieranwältin resp. der Tieranwalt nur insoweit Gerechtigkeit für das Tier schaffen, als das Gesetz es vorsieht. *Animal Spa* macht eindringlich klar, dass Tiere entgegen der vorherrschenden Praktiken nicht schlachtbar, nicht frei verfügbar, nicht besitzbar und

1 Vgl. Markus Wild: Wie sind Tiere? Plädoyer für einen kritischen Anthropomorphismus. In: Interdisziplinäre Arbeitsgemeinschaft Tierethik (Hrsg.): *Tierrechte*. Erlangen: Harald Fischer 2007, S. 31–53.

nicht sonstwie -bar sind. Tiere haben ihre eigene Vorstellung davon, was ein gutes Leben ist, und diese Autonomie gilt es zu respektieren. Nicht zuletzt deswegen darf die Tieranwältin resp. der Tieranwalt nicht „Glücksfall der Gesetzgebung" (S. 176) bleiben, sondern sollte einen grundlegenden Rechtsanspruch der Tiere bilden.

Antoine F. Goetschel: *Animal Spa – die Geschichten des Tieranwalts.*
C. F. Portmann. Küsnacht, August 2018, 299 S.
Hardcover 19,00 CHF (ISBN 978-3-906014-44-9).

Das Wölfische im Menschen und das Menschliche im Wolf

Achim Geisenhanslüke: *Wolfsmänner. Zur Geschichte einer schwierigen Figur.*
Rezensiert von Christian Palm

Wie Achim Geisenhanslüke einleitend erläutert, ist die Beziehung von Mensch und Wolf seit jeher durch gegenseitige Feindschaft geprägt – zunächst wegen der „Konkurren[z] um die identischen Futterreserven" (S. 9), später wegen der Jagd des Wolfs auf „die von Hirten und Hunden bewachten Herden" (S. 10). Vor diesem Hintergrund wurde der Wolf in Europa als „Schädling" (S. 8) weitgehend ausgerottet. Seine allmähliche Rückkehr wird von entschiedener Gegenwehr durch Landwirte begleitet. Im Gegensatz zum Hund, dem ‚besten Freund des Menschen', wurde der Wolf zur negativen Projektionsfläche, zur Inkarnation des Bösen. Da Wölfe aber zugleich soziale Wesen mit menschenähnlichen Eigenschaften wie etwa dem Rudelverhalten sind, „schwankt" ihre kulturelle Darstellung „zwischen Angst und Faszination" (S. 11), zwischen Ausschluss und Einschluss.
In fünf Kapiteln untersucht die Studie Figurationen, bei denen Mensch und Wolf „bis zur Ununterscheidbarkeit ineinander[fließen]" (S. 11–12). Die Beispiele stammen aus der Erzählliteratur, dem Film sowie theoretischen Schriften. Das erste Kapitel richtet den Fokus auf die „einfachen Formen" (S. 20) des Märchens (Brüder Grimm) und der Fabel (Jean de La Fontaine, Gotthold Ephraim Lessing), in denen das Auftreten des anthropomorphisierten Wolfs an vergangene, kulturell tabuisierte Praktiken des Kannibalismus erinnert (Märchen) oder aber politische und moralische Fragen aufwirft (Fabel). Das zweite Kapitel setzt sich mit Texten der ‚klassischen' Literatur auseinander, die den Wolf als hässliche und unheimliche Gestalt ausgeschlossen habe. Abseits von Märchen und Fabeln tauchen Wölfe im 18. und 19. Jahrhundert nur noch als literarische Randfiguren auf, die

> in die Nähe des Pathologischen, Anormalen gerückt […] werden: bei Goethe in die soziale Nähe zu den Zigeunern, die im Wald hausen, bei Schiller und Brentano in die Funktion der kriminellen Natur des Verbrechers, bei Storm und Stifter in die stellvertretende Repräsentation eines verbotenen erotischen Begehrens, das mit allen Mitteln eingedämmt werden muss. (S. 43)

Im dritten Kapitel nimmt Geisenhanslüke Bezug auf die psychoanalytische Entdeckung des Unbewussten. Nach Anmerkungen zu Sergej Konstantinowitsch Pankejeff, den Sigmund Freud aufgrund seiner „Angsthysterie und Tierphobie" (S. 50) als ‚Wolfsmann' bezeichnete, geht der Verfasser auf die monströse Werwolf-Figur ein, die seit *The Wolf Man* (*Der Wolfsmensch*, US 1941, R: George Waggner) ständig in Horrorfilmen auftritt und als ‚Rückkehr des Verdrängten' gedeutet wird. Zugleich geht der Horrorfilm auch über die psychoanalytische Perspektive hinaus, „indem er im Medium der Fiktion […] Wahn Wirklichkeit werden lässt" (S. 64), also Menschen tatsächlich in Werwölfe verwandelt. Das vierte Kapitel befasst sich zuerst mit der Romantisierung des Wolfs als schönes, edles Tier bei Hermann Hesse. Danach wird erörtert, wie sich Elias Canetti gegen die Psychoanalyse abgrenzt und welche Rolle dabei den Wölfen zukommt. Im Schlusskapitel werden Wölfe mit Gilles Deleuze und Félix Guattari, Werwölfe mit Giorgio Agamben sowie der *Dschungelbuch*-Protagonist Mogli (bei Rudyard Kipling) „als Schwellenfiguren zwischen Tier und Mensch" (S. 96) gelesen. Ein „hybride[s] Wesen, zu drei Vierteln Wolf, zu einem Viertel Hund" (S. 103) ist auch Jack Londons Wolfsblut, der sich in *White Fang* in einen Hund verwandelt, „um endgültig in die menschliche Gemeinschaft aufgenommen zu werden" (S. 105).

Lesenswert ist Geisenhanslükes Studie vor allem, weil sie einen neuen Blick auf bekannte Autoren und Texte eröffnet, die man nicht zwingend mit Wölfen in Verbindung gebracht hätte. Ebenso zu begrüßen ist, dass das Phantasma der Wolfsmänner in kanonisierter und populärer Kultur untersucht wird. Hieran schließt jedoch sofort die Kritik an, dass im ganzen Buch nur ein einziger Film analysiert und das Thema auf den Werwolf im Horrorfilm reduziert wird. Eine Ergänzung der Studie um Filme wie *Dances with Wolves* (*Der mit dem Wolf tanzt*, US 1990, R: Kevin Costner) oder die bemerkenswerte *Polizeiruf 110*-Folge *Wölfe* (D 2016, R: Christian Petzold) wäre wünschenswert gewesen.

Achim Geisenhanslüke: *Wolfsmänner. Zur Geschichte einer schwierigen Figur.*
Transcript. Bielefeld, März 2018, 120 S.
Paperback 16,99 € (ISBN 978-3-8376-4271-1).

Abbildungsverzeichnis

Florian Auerochs: Silent Offspring

Abb. 1: Irene Taylor Brodsky: *Saving Pelican 895*, 2011. © Home Box Office, Inc., 2011.

Abb. 2: Irene Taylor Brodsky: *Saving Pelican 895*, 2011. © Home Box Office, Inc., 2011.

Abb. 3: Craig Leeson: *A Plastic Ocean*, 2016. © Craig Leeson, 2016.

Stefano Saracino: Kranke Pferde als Kontaktzone zwischen der adeligen und nicht-adeligen Pferdehaltung und Pferdeheilkunde im England des 17. Jahrhunderts

Abb. 1: Frontispiz des anonym erschienenen *Dialogue betwixt a horse of warre, and a mill-horse, wherein the content and safety of an humble and painfull life, is preferred above all the noyse, the tumults, and trophies of the warre. Full of harmelesse mirth, and variety*. London: Printed by Bernard Alsop, and published according to order, 1643.

Abb. 2: Gervase Markham: *Markham's Maister-peece. Containing All Knowledge belonging to Smith, Farrier, or Horse-Leach; touching the Curing of all Diseases in Horse*. London: Boddington 1717, S. 126. Die Abbildung lokalisiert insgesamt 60 Stellen, an denen dem Pferd beim Aderlass Blut entnommen werden kann.

Stefan Hecht: Emotionen und die silvatische Tollwut in Deutschland in den 1950er bis 1970er Jahren

Abb. 1: Theo Föhles: Omas erlegten Fuchs mit dem Krückstock. In: *Bild*, 08.02.1966, S. 3.

Abb. 2: Hergen Schimpf: Ist der Fuchs jetzt zum Tode verurteilt? In: *Bild*, 10.04.1971, S. 3.

Inga Kählke: *Kranke Tiere*, 2008–2017

Abb. 1: *Rosa Kaninchen*, 2016. Ölfarbe auf Leinwand, 40 x 25 cm, Besitz der Künstlerin. Foto: Marcia Breuer.

Abb. 2: *Kiefer*, 2017. Ölfarbe auf Leinwand, 28 x 21 cm, Besitz der Künstlerin. Foto: Inga Kählke.

Abb. 3: *Drei Rinder*, 2016. Ölfarbe auf Leinwand, 30 x 40 cm, Privatsammlung. Foto: Marcia Breuer.

Abb. 4: *Rooster Rehab*, 2016. Ölfarbe auf Leinwand, 60 x 40 cm, Besitz der Künstlerin. Foto: Marcia Breuer.

Abb. 5: *Operation*, 2016. Ölfarbe auf Leinwand, 30 x 30 cm, Besitz der Künstlerin. Foto: Marcia Breuer.

Abb. 6: *Vet*, 2008. Ölfarbe auf Leinwand, 125 x 140 cm, Besitz der Künstlerin. Foto: Paul Sochacki.

Lutz Bielefeldt: *Kranke Tiere*, 2018
Abb. 1: *Bär*, 2018, Tusche / Papier, 28 x 21 cm.
Abb. 2: *Pferd*, 2018, Tusche / Papier, 28 x 21 cm.
Abb. 3: *Wolf*, 2018, Tusche / Papier, 28 x 21 cm.
Abb. 4: *Kälber*, 2018, Tusche / Papier, 28 x 21 cm.
Abb. 5: *Giraffenhyän*e, 2018, Tusche / Papier, 28 x 21 cm.
Abb: 6: *Hund*, 2018, Tusche / Papier, 28 x 21 cm.
© Lutz Bielefeldt.

Julia Schlosser: *Domestic Intimacies*, 2014
© Julia Schlosser.

Call for Papers: Tiergeschichten

Tierstudien 16, Oktober 2019
Herausgegeben von Jessica Ullrich und Alexandra Böhm

Die übernächste Ausgabe von *Tierstudien* wird unter dem Motto „Tiergeschichten" stehen und bildet damit den zweiten Teil der vorhergehenden Ausgabe *Tiere erzählen*.
Historiker*innen betonen seit einiger Zeit nicht nur die Geschichtlichkeit von Tieren, sondern auch deren Geschichtsmächtigkeit. Damit ist der Begriff der Narration bzw. der Geschichte nicht mehr nur genuin auf den Menschen beschränkt, was einerseits als Dekonstruktion des menschlichen Exzeptionalismus gesehen werden kann oder andererseits als problematische Übertragung der menschlichen Fähigkeit, ein geschichtliches Selbst zu schaffen, auf Tiere. Wie kann man mit dem Problem der mangelnden tierlichen Selbstzeugnisse umgehen? Welche Geschichten entwerfen Kunst, Literatur und Film, die Ethologie sowie die Geschichtswissenschaft oder die Psychologie?
Die Ausgabe *Tiergeschichten* möchte sich den Fragen widmen, welche Geschichten von wem über Tiere erzählt werden und zu welchem Zweck? Aber auch: Welche Geschichten erzählen Tiere selbst, in welcher Form und mit welcher Intention tun sie dies? Wie werden Tiergeschichten erzählt? Werden Tiere als semiotische Zeichen benutzt, werden mit ihnen (menschliche) Geschichten – etwa der Gewalt, Ausgrenzung und Unterwerfung – erzählt, oder handelt es sich um ein materielles *embodiment*, wobei die Tiere zu eigenen, widerständigen Wesen werden, welche die ihnen zugesprochenen Zeichen und Semantiken in Frage stellen, überschreiten oder umkehren? Uns interessiert, welche Geschichten von Tieren und wie Geschichten für Tiere erzählt werden, aber auch wie Tiere selbst Geschichten erzählen. Können Tiere ihre Autobiographie schreiben oder von ihrem Leben erzählen? Was geschieht mit den Tieren und auch den Menschen, wenn Tiere eine Geschichte, eine Biographie erhalten?
Menschen erkennen Kommunikation häufig nur in Form menschlicher Sprache. Die ethologische Forschung zeigt jedoch, dass viele Tiere nicht nur kommunizieren, sondern dem Menschen auch antworten und sogar von ihrem Erleben in nicht-diskursiver Weise erzählen. Inwiefern wird die anthropologische Differenz durch „Tiergeschichten" aufgelöst,

neu definiert oder bestätigt? Welche Chancen und Möglichkeiten, die Beziehungen zu den anderen Tieren neu zu entwerfen, liegen im Projekt von Tiergeschichten?

Wir suchen nach ethologischen, historischen, geschichtswissenschaftlichen, literatur-, kunst-, film-, musik- und kulturwissenschaftlichen, philosophischen, soziologischen, und psychologischen Studien. Andere, hier nicht aufgeführte Beiträge zum Themenkomplex „Tiergeschichten" sind ebenso willkommen. Abstracts von nicht mehr als 2.000 Zeichen senden Sie bitte bis zum 1. Februar 2019 an jessica.ullrich@neofelis-verlag.de und alexandra.boehm@web.de. Die fertigen Texte dürfen eine Länge von bis zu 22.000 Zeichen haben (inklusive Leerzeichen und Fußnoten) und müssen bis zum 1. Juni 2019 eingereicht werden. Danach gehen sie zur Peer Review an den wissenschaftlichen Beirat von *Tierstudien*. Auf Grundlage der Gutachten des wissenschaftlichen Beirats wird über die Annahme der Texte zur Veröffentlichung entschieden. Erscheinungsdatum für die angenommenen Texte ist Oktober 2019.

Tierstudien

hrsg. von Jessica Ullrich

Bisher erschienen
01/2012 – *Animalität und Ästhetik*
02/2012 – *Tiere auf Reisen*
03/2013 – *Tierliebe* (hrsg. zus. mit Friedrich Weltzien)
04/2013 – *Metamorphosen* (hrsg. zus. mit Antonia Ulrich)
05/2014 – *Tiere und Tod* (hrsg. zus. mit Antonia Ulrich)
06/2014 – *Tiere und Raum*
07/2015 – *Zoo*
08/2015 – *Wild*
09/2016 – *Tiere und Unterhaltung* (hrsg. zus. mit Aline Steinbrecher)
10/2016 – *Experiment*
11/2017 – *Mimesis – Mimikry – Mimese* (hrsg. zus. mit Antonia Ulrich)
12/2017 – *Tiere und Krieg* (hrsg. zus. mit Mieke Roscher)
13/2018 – *Ökologie*
14/2018 – *Kranke Tiere* (hrsg. zus. mit Kerstin Weich)

In Planung
15/2019 – *Tiere erzählen* (hrsg. zus. mit Alexandra Böhm)
16/2019 – *Tiergeschichten* (hrsg. zus. mit Alexandra Böhm)

Lecture Notes in Mathematics 1530